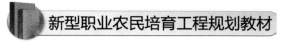

新型职业农民培育工程规划教材

U0348160

食用菌栽培技术与管理

◎ 许毅戈　杨 国　李旭敏　主编

中国农业科学技术出版社

图书在版编目（CIP）数据

食用菌栽培技术与管理／许毅戈，杨国，李旭敏主编 . —北京：中国农业科学技术出版社，2015.6

（新型职业农民培育工程规划教材）

ISBN 978 - 7 - 5116 - 2144 - 3

Ⅰ. ①食… Ⅱ. ①许…②杨…③李… Ⅲ. ①食用菌 - 蔬菜园艺 - 教材 Ⅳ. ①S646

中国版本图书馆 CIP 数据核字（2015）第 134937 号

责任编辑　　徐　毅
责任校对　　贾海霞

出 版 者　　中国农业科学技术出版社
　　　　　　　北京市中关村南大街 12 号　　邮编：100081
电　　话　　(010)82106631(编辑室)　　(010)82109702(发行部)
　　　　　　　(010)82109709(读者服务部)
传　　真　　(010)82106631
网　　址　　http://www.castp.cn
经 销 者　　各地新华书店
印 刷 者　　北京昌联印刷有限公司
开　　本　　850mm×1168mm　1/32
印　　张　　4.125
字　　数　　100 千字
版　　次　　2015 年 6 月第 1 版　2016 年 7 月第 3 次印刷
定　　价　　18.00 元

新型职业农民培育工程规划教材

《食用菌栽培技术与管理》

编　委　会

序

随着城镇化的迅速发展，农户兼业化、村庄空心化、人口老龄化趋势日益明显，"关键农时缺人手、现代农业缺人才、农业生产缺人力"问题非常突出。因此，只有加快培育一大批爱农、懂农、务农的新型职业农民，才能从根本上保证农业后继有人，从而为推动农业稳步发展、实现农民持续增收打下坚实的基础。大力培育新型职业农民具有重要的现实意义，不仅能确保国家粮食安全和重要农产品有效供给，确保中国人的饭碗要牢牢端在自己手里，同时有利于通过发展专业大户、家庭农场、农民合作社组织，努力构建新型农业经营体系，确保农业发展"后继有人"，推进现代农业可持续发展。培养一批具有较强市场意识，有文化、懂技术、会经营、能创业的新型职业农民，现代农业发展将呈现另一番天地。

中央站在推进"四化同步"，深化农村改革，进一步解放和发展农村生产力的全局高度，提出大力培育新型职业农民，是加快和推动我国农村发展，农业增效，农民增收重大战略决策。2014年农业部、财政部启动新型职业农民培育工程，主动适应经济发展新常态，按照稳粮增收转方式、提质增效调结构的总要求，坚持立足产业、政府主导、多方参与、注重实效的原则，强化项目实施管理，创新培育模式、提升培育质量，加快建立"三位一体、三类协同、三级贯通"的新型职业农民培育制度体系。这充分调动了广大农民求知求学的积极性，一批新型职业农民脱颖而出，成为当地农业发展，农民致富的领头人、主力军，这标志着我国新型职业农民培育工作得以有序发展。

　　我们组织编写的这套《新型职业农民培育工程规划教材》丛书，其作者均是活跃在农业生产一线的技术骨干、农业科研院所的专家和农业大专院校的教师，真心期待这套丛书中的科学管理方法和先进实用技术得到最大范围的推广和应用，为新型职业农民的素质提升起到积极地促进作用。

高地动

2015 年 5 月

前　言

　　食用菌产业作为新兴产业在我国农业和农村经济发展中，特别是建设社会主义新农村中的地位日趋重要，已成为我国广大农村和农民最主要的经济来源之一，也是中国农业的支柱产业之一。目前，我国已经成为世界食用菌产业大国，香菇、平菇、金针菇、草菇、黑木耳、杏鲍菇、灵芝等产品的产量均居世界第一位。我国食用菌市场需求旺盛，市场容量不断增加，食用菌产业是一个蓬勃发展的朝阳产业。

　　开展农民创业培训是认真贯彻落实党的十八大精神的一项实际行动，是发展现代农业，建设社会主义新农村以及促进农业增效、农民增收、农村富裕的一项重大举措。结合菌类栽培的职业技能标准及我国目前食用菌产业发展状况，规范食用菌生产人员的职业要求、基本技能、创业素质，促进我国食用菌产业的可持续发展，我们组织编写了《食用菌栽培技术与管理》一书。

　　本书通俗性、简明性和实用性突出，可作为食用菌从业人员的参考用书，也可作为农民自学与培训的辅导教材。

　　限于编者水平，加之编写时间仓促，教材中错误和疏漏之处在所难免，敬请予以指正。

编者
2015 年 5 月

目　录

第一章　食用菌生产的岗位职责与素质要求

一、食用菌生产的岗位职责

（一）食用菌新型经营主体的职责

（1）根据食用菌栽培管理方案的要求，成立领导团队和技术团队，制订切实可行的项目实施方案。

（2）落实食用菌的种植面积和区域，并和农户签订食用菌收购合同。

（3）开展培训指导工作。通过印发技术资料，聘请食用菌技术人员对新型职业农民进行技术指导。

（4）进行物资服务。帮助负责食用菌推广的部门和种植户落实食用菌相关菌需物资。

（5）建立专业的市场营销队伍，进行食用菌销售工作。

（二）食用菌示范基地职责

（1）制订示范基地种植和推广计划。

（2）技术人员进行基地食用菌种植示范，在食用菌种植不同阶段，组织菇农到示范大棚、生产菇房进行现场观摩学习，现场咨询。

（3）制定食用菌标准化生产操作规程，并做到家喻户晓。

（4）建立健全项目实施档案。根据生产进程，搞好相关的

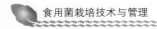

生产和技术记载。

（三）食用菌农户职责

（1）严格按照签订的食用菌种植和销售合同，种植和销售食用菌。

（2）在菌种、农药、肥料等菌需物资的使用上，要严格遵守无公害产品农药、肥料使用准则，严禁使用国家违禁农药。

二、食用菌生产者的素质要求

（一）具有较高的科学文化素质

传统农民没有也不需要掌握太多的科学文化知识，他们技术单一，生产主要是自产自销，也不懂得经营，不谋求更多的收益和更高的利润。作为一名新型职业农民，食用菌园艺工应该具有一定的科学文化知识。

1. 微生物学基础知识
（1）微生物的概念与微生物类群。
（2）微生物的分类知识。
（3）细菌、酵母菌、真菌、放线菌的生长特点与规律。
（4）消毒、灭菌、无菌知识。
（5）微生物的生理。

2. 食、药用菌基础知识
（1）食、药用菌的概念、形态和结构。
（2）食、药用菌的分类。
（3）常见食、药用菌的生物学特性。
（4）食、药用菌的生活史。
（5）食、药用菌的生理。

（6）食、药用菌的主要栽培方式。

3. 有关法律基础知识

（1）《种子法》。

（2）《森林法》。

（3）《环境保护法》。

（4）《全国食用菌菌种暂行管理办法（食用菌标准汇编）》。

（5）《食品卫生法》。

（6）《劳动法》。

4. 安全生产知识

（1）实验室、菌种生产车间、栽培试验场、产品加工车间的安全操作知识。

（2）安全用电知识。

（3）防火、防爆安全知识。

（4）手动工具与机械设备的安全使用知识。

（5）化学药品的安全使用、贮藏知识。

5. 食、药用菌业成本核算知识

（1）食、药用菌的成本概念。

（2）食、药用菌干、鲜品的成本计算。

（3）食、药用菌加工产品的成本计算。

（二）具有较高的技能素质

新型职业农民生产食用菌，应在具有科学文化知识的基础上，还应熟悉和会用现代农业技术，熟练掌握一到多项生产技能和技巧。

（1）栽培场所的选择与建造。

（2）食用菌类的菌种培养、保藏与鉴定。

（3）培养料的制备。

（4）消毒、灭菌与人工接种。

（5）常见食用菌的栽培管理和采收技能。

（三）具有一定的经营和管理能力

食用菌新型职业农民，还应具有一定的对内经营、对外管理、市场营销与产业创业开发等能力，努力成为食用菌专业大户、家庭农场经营者或专业合作社带头人。

第二章　平菇栽培技术

一、概述

平菇，在生物分类学中隶属于真菌门担子菌纲伞菌目白蘑科侧耳属，中文商品名：平菇，地方名：北风菌、蚝菌等。其是栽培广泛的食用菌。

平菇含丰富的营养物质，每百克干品含蛋白质 20～23g，而且氨基酸成分齐全，矿物质含量十分丰富，氨基酸种类齐全。

平菇性味甘、温。具有追风散寒、舒筋活络的功效。用于治腰腿疼痛、手足麻木、筋络不通等病症。平菇中的蛋白多糖体对癌细胞有很强的抑制作用，能增强机体免疫功能。常食平菇不仅能起到改善人体的新陈代谢，调节植物神经的作用，而且对减少人体血清胆固醇、降低血压和防治肝炎、胃溃疡、十二指肠溃疡、高血压等有明显的效果。另外，对预防癌症、调节妇女更年期综合征、改善人体新陈代谢、增强体质都有一定的好处。

1. 品种

平菇尽管种类繁多，除了菌丝和籽实体生长发育所需温度不同外，其他生长条件和栽培工艺都是基本相同的。因此本文叙述的栽培技术适用于商业化栽培的这几个品种。

从总体上说，目前我国的食用菌品种中，平菇的品种繁多，也最为混乱，同名异物，同物异名繁多，很难区别，为科研和生产带来诸多不便。

由于平菇不同种和品种间的差异，对生产者来说注重的只是商业性状，因此，平菇的品种划分有时与种有关，有时又似乎无关。

2. 按色泽划分的品种

不同地区人们对平菇色泽的喜好不同，因此，栽培者选择品种时常把籽实体色泽放在第一位。按籽实体的色泽，平菇可分为深色种（黑色种）、浅色种、乳白色种和白色种四大品种类型。

（1）深色种（黑色种）。这类色泽的品种多是低温种和广温种，属于糙皮侧耳和美味侧耳。而且色泽的深浅程度随温度的变化而变。一般温度越低色泽越深，温度越高色泽越浅。另外，光照不足色泽也变浅。深色种多品质好，表现为肉厚、鲜嫩、滑润、味浓、组织紧密、口感好。

（2）浅色种（浅灰色）。这类色泽的品种多是中低温种，最适宜的出菇温度略高于深色种，多属于美味侧耳种。色泽也随温度的升高而变浅，随光线的增强而加深。

（3）乳白色种。这类色泽的品种多为中广温品种，属于佛罗里达侧耳种。

二、平菇的生物学特性

（一）平菇形态特征

由于平菇栽培的种类繁多，作为生产者来说要能从外观简单区别常见的种类，以避免产销不对路。所以，本文也主要从外观上简要介绍平菇几个常见的栽培种类和形态特征。

1. 菌丝体

人工栽培的各个种菌丝体均白色，在琼脂培养基上洁白、浓密、气生菌丝多寡不等。

糙皮侧耳和美味侧耳：气生菌丝浓密，培养后期在气生菌丝上常出现黄色分泌物，从而出现"黄梢"现象。不形成菌皮。

佛罗里达侧耳：气生菌丝少于前两者，显得较平坦有序而浓密，无"黄梢"现象，长满数日后易出现老的菌皮，菌皮较紧而硬。

白黄侧耳等广温种：气生菌丝少于前3种，生长平展，无"黄梢"。长满斜面后极易形成菌皮，菌皮柔软，富有弹性，很难分割。

2. 籽实体

侧耳属各个种籽实体的共同形态特征是：菌褶延生，菌柄侧生。从分类学上鉴别不同种的主要依据是寄主、菌盖色泽、发生季节、子实层内的结构和孢子等。

糙皮侧耳和美味侧耳：菌盖直径5～21cm，灰白色、浅灰色、瓦灰色、青灰色、灰色至深灰色，菌盖边缘较圆整。菌柄较短，长1～3cm，粗1～2cm，基部常有绒毛。菌盖和菌柄都较柔软。孢子印白色，有的品种略带藕荷色。籽实体常枞生甚至叠生。

佛罗里达侧耳：菌盖直径5～23cm，白色、乳白色至棕褐色。且色泽随光线的不同而变化。高温和光照较弱时呈白色或乳白色，低温和光照较强时呈棕褐色。枞生或散生。菌柄稍长而细，常基部较细，中上部变粗，内部较实，且富纤维质的表面，孢子印白色。白黄侧耳及其他广温类品种：籽实体3～25cm，多10cm以上，苍白、浅灰、青灰、灰白色，温度越高，色泽越浅。枞生或散生，从不叠生。有的品种菌柄纤维质程度较高。低温下形成的籽实体色深组织致密，耐运输。

凤尾菇：籽实体大型，8～25cm，多10cm以上，菌盖棕褐色，上面常有放射状细纹，成熟时边缘呈波状弯曲，菌肉白色、柔软而细嫩，菌盖厚，常可达1.8cm甚至更多。枞生或散生，或单生。菌柄短粗且柔软，一般长1.5～4.0cm，粗1～1.8cm。

（二） 平菇生长发育所需环境条件

1. 营养

平菇可利用的营养很多，木质类的植物残体和纤维质的植物残体都能利用。人工栽培时，依次以废棉、棉籽壳、玉米芯、棉秆、大豆秸产量较高，其他农林废物也可利用，如木屑、稻草、麦秸、玉米芯等。

2. 温度

菌丝生长不同种的菌丝生长温度范围和适宜温度不完全相同，多数种和品种在 5～35℃下都能生长，20～30℃是它们生长共同的适宜温度范围，低温和中低温类品种的最适生长温度为 24～26℃，中高温类和广温类品种的最适生长温度为 28℃左右，凤尾菇的最适生长温度 25～27℃。

籽实体形成和生长正如前文所述，从平菇籽实体形成温度上看，品种可划分为几大温型，这几大温型的品种，除高温型的特殊种外，多数种在 10～20℃内都可出菇。在适宜的温度范围内，温度越高，籽实体生长越快，菌盖越薄，色泽越浅。

3. 湿度

菌丝体生长的基质含水量以 60%～65% 为最适，基质含水量不足时，发菌缓慢，发菌完成后出菇推迟。生料栽培，基质含水量过高时，透气性差，菌丝生长缓慢，同时，易滋生厌氧细菌或真菌。出菇期以 70%～75% 为最适，大气相对湿度在 85%～95% 时籽实体生长迅速、茁壮，低于 80% 时菌盖易于干边或开裂，较长时间超过 95% 则易出现烂菇。在生料栽培中，常采取偏干发菌，出菇期补水的方法，以保证发菌期不受真菌的侵染，并保证出菇期足够的水分以供出菇。

4. 空气

平菇是好气性真菌，菌丝体在塑料薄膜覆盖下可正常生长，在用塑料薄膜封口的菌种瓶中也能正常生长。而在一定二氧化碳浓度下菌丝较自然界空气中正常二氧化碳含量下生长更好。就是说，一定浓度的二氧化碳可刺激平菇菌丝体的生长，但是，籽实体形成、分化和发育需要充足的氧气，二氧化碳对其生长发育是有害的。在氧气不足，二氧化碳浓度过高时，不易形成籽实体，或籽实体原基不分化，或出现二度分化，或大脚小盖的畸形菇等。

5. 光

平菇菌丝体生长不需要光，光反而抑制菌丝的生长。因此，发菌期间应给予黑暗或弱光环境。但是，籽实体的发生或生长需要光，特别是籽实体原基的形成。此外，光强度还影响籽实体的色泽和柄的长度。相比之下，较强的光照条件下，籽实体色泽较深、柄短、肉厚、品质好；光照不足时，籽实体色泽较浅、柄长、肉薄、品质较差。因此，栽培中要注意给予适当的光照。

6. 酸碱度（pH 值）

平菇菌丝在 pH 值 3.5 ~ 9.0 范围内部能生长，适宜 pH 值 5.4 ~ 7.5。在栽培中，自然培养料和自然水混合后，基质的酸碱度多在 6.0 ~ 7.5，适宜平菇菌丝生长。但是，实际栽培中，常加入生石灰提高酸碱度到 pH 值 7.5 ~ 8.5，以抑制真菌和滋生，确保发菌。

7. 其他

平菇籽实体生长发育中对空气中一氧化碳、硫化物、乙炔等不良气体敏感。当空气中这些物质的浓度较高时，籽实体停滞生长、畸形甚至枯萎。此外，还对敌敌畏过敏，在菇房使用敌敌畏杀虫后，籽实体会向上翻卷形成"鸡爪菇"。

三、平菇菌种的生产

在食用菌栽培技术中，菌种生产技术难度大，要求高，且需要专门的设备和用品，适宜于专业菌种厂生产。平菇属木腐菌，凡是适合于木生食用菌的培养基，也都适合平菇菌丝的生长。下面仅对平菇的菌种分离和一些平菇专用的培养基，做简单的介绍。

1. 母种的生产

平菇是用孢子分离和组织分离法获得菌丝体后扩大转式管制作母种。特殊情况也用菇木分离法。

培养基：平菇母种分离和菌种保存宜用普通培养基（PDA）。平菇菌丝在此培养基上生长速度较慢。扩大转管适宜用高粱粉培养基，配方和制作方法是：高粱粉30g，加1 000ml蒸馏水，加1%琼脂，置于铝锅中加热，待琼脂充分溶化后搅匀，分装于试管，灭菌接种。平菇在高粱培养基上生长最快，长势均匀，菌丝旺盛。高粱培养基适合于生产平菇母种。

菌种培养：分离后的平菇菌丝应放在最适宜的温度25℃±2℃培养并经过提纯、转管，一般培养7~10天菌丝可长满试管。如果没有出现杂菌，分离培养就算成功。但该菌株是否优良，生产价值如何，还需出菇栽培试验。

2. 原种的生产

母种菌丝数量太少，在实际生产中必须把一级种扩大繁殖成二级种（即原种）才能满足生产种的需要。

平菇原种培养基的配制和生产参照《制种技术》中的木腐菌制种的内容。平菇菌丝在木屑培养基上一般原种20~25天可以满瓶。在麦粒培养基上15~20天可以长满使用。好的原种菌丝密集、洁白、长势均匀、粗壮、呈棉毛状，有爬壁现象。

原种长满瓶之后，应立即扩大为栽培种，否则，一旦营养耗尽，菌丝就会衰老甚至死亡。麦粒种更要及时使用。

3. 栽培种的生产

原种扩大繁殖就成栽培种。栽培种也就是直接用于大生产的生产种，又称三级种。

平菇栽培在培养料配方、制作、灭菌、接种和培养等方面与原种生产相同，其培养容器用玻璃瓶子，也有用塑料薄膜袋的。

制作栽培种时，由于数量多，往往比较粗放，培养场所不讲究。因此，播种之前也必须检查菌种有否带螨类或其他病虫害。如果发现菌种有螨或病虫害，应及时杀灭及弃去不用。

菌丝生活力强弱与菌龄有密切关系，它直接影响到栽培的成败。菌丝生活力减弱，播种后不容易成活或菌丝生长缓慢，时间长了菌丝没布满培养料则易感染杂菌，往往造成栽培失败。所以，控制菌龄很重要，一般接种一个月之内，菌丝生活力最强。菌种长出原基时为成熟菌种，应尽快用；原基一旦变干枯或菌丝柱收缩，瓶底出现积液时，菌种已老化，不宜再使用，应淘汰。

四、平菇的栽培技术

栽培者的愿望是能获得丰产。要达到这个目的必须掌握平菇的生物学特性，在栽培过程中不仅要满足其各个发育时期对各种生活条件的不同要求，而且要创造一个最有利于平菇与其他微生物竞争的生活环境。

1. 栽培季节的选择

平菇虽然有各种温型的品种，适宜于一年四季栽培。但是，平菇总的属低温型，只不过是人为的选育了少数高温型来满足夏季生产需要，绝大部分品种还是中、低温型的。根据平菇生长发育对温度的要求，春秋两季是平菇生产的旺季。高寒地区 9 月即是中温型平菇生产季节；低热地区 10 月进入中温型平菇生产季节。根据不同的品种特性安排适宜的生产季节，辅之以防暑保温措施和适当的栽培方式，可获得栽培成功。

2. 培养料的配制

（1）短木桩。平菇是木腐菌，最早是用阔叶倒木栽培，逐步发展到选择材质柔软的树种锯成短木进行栽培。为了充分利用资源和节约木材，可尽量利用其他行业使用价值不大的树种、弯木、树兜、枝丫等材料。

短木栽培的优点是：一年接种多年采收，用种量少、操作简单、成功率高、产量稳定。缺点是：受资源限制，只适于林区或林区附近栽培。

（2）熟料。将阔叶树林屑、棉籽壳或粉碎了的杂木枝丫、农作物秸秆、废纸等 4 份加上麸皮、米糠等 1 份，石膏粉 1%，糖 1% 和适量的水（65% 左右）配成合成培养料装入玻璃瓶或塑料袋后进行蒸汽灭菌（高压 1 小时或常压 8～10 小时），接种培养。

熟料栽培的优点是：用种量少、产量高、易管理、受外界环境影响小，可在高温季节栽培。它是大规模工厂生产采用的栽培方式，缺点是：耗费一定能源，同时，要有一定的工作场所和灭菌、接种设备、投资大、生产成本高；栽培者还必须掌握一定的制种技术。

（3）生料。生料栽培又分粉料和粗料两种方式。

粉料配方：用熟料栽培的方式再加 0.1% 多菌灵或高锰酸钾，也可加 1% 生石灰粉作杀菌剂拌料后接种培养。

粗料配方：将农作物秸秆用 2% 生石灰水浸泡 2 天，然后用清水冲洗至 pH 值为 8 左右时沥干多余水分切成短节接种培养。

生料栽培的优点是：操作简单，不需特别设备、投资少、见效快、便于推广。缺点是：用种量大，购买菌种费用大，易受不良环境和气候影响，尤其是高温季节和多年栽培的场地，易导致栽培失败。

（4）半熟料。培养料接种之前，用巴斯德灭菌法消毒，即将培养料浸湿堆积一天之后放在密闭的室内，培养料下桥空以便透气，然后向室内输入蒸气，待培养料冷却后接种培养。

半熟料栽培的优点：可采用简陋的办法搞巴斯德灭菌，投资少，便于推广；产量稳定，成功率高。缺点是：比熟料栽培耗种量大；菌丝生长阶段易受高温威胁，管理难度大。

以上介绍的几种培养料各有利弊。栽培者应根据各自的资源条件和生产条件，选择适宜的培养料及其配制方式。

3. 栽培方式

（1）短木栽培。选择适合平菇生长的材质柔软的树种，如桐、枫香、白杨、梧桐、枫杨等，于头年落叶后第二年发芽前砍伐。这个时期树木营养贮存最丰富。砍树和运送菇木时要保护好树皮，树头上用生石灰刷满，以免污染杂菌。

菇木运回栽培场后锯成 16.5～20cm 长的短木，将菌种用冷开水调成糊状后均匀地铺接在断面上再重叠上第二个短木再铺菌种，再重上第三短木……直到再叠就不稳了为止，再接第二叠。每接好一叠后两面或四面钉上木板条固定，以免松动或倒塌。锯菇木时要给每段编号打记号，以便接种。接好种后要采取一些保护措施，严禁摇松接种叠保证正常定植。叠子上面要盖上树枝或茅草遮阴保温保湿。

立秋前后 10 天就要埋桩。房前屋后，树林、竹林，葡萄架下等淋得着雨遮得到阴的地方都可埋桩。将长好了菌丝的短木一个一个地竖埋到土中，地面只留下 3.3cm 左右高长菇。地面留高了不保湿。桩与桩之间要有适当的间隔，以免出菇拥挤。隔 1.5m 宽要留人行道，以便管理和采菇。

出菇管理。9～10 月，气温下降，出现秋雨，就要开始出菇。若雨量不足应配合人工浇水。采菇后要停止喷水 7~10 天，改善通气条件有利于出下一批菇。

短木栽培一次接种可收 3 年，秋冬采菇，春夏息桩。春夏任其自然息桩，秋冬又可获得高产。若春夏浇水催菇，会导致产量少烂桩快、秋冬还要严重减产，得不偿失。

短木栽培成功率高，每百千克短木可收鲜菇 60kg 以上，高的可达 150kg 以上。

（2）枝束栽培。将伐木场或栽培时遗弃的小枝条，城市园林或行道树修剪的小枝条截成 33.3cm，用铁丝捆扎成直径 16.5cm 的枝条束。

在排水良好的地方挖成深 16.5cm、宽 84cm、长不限的沟。将枝条束竖立排放于沟中，撒上菌种，上面盖三层湿报纸、再盖草席，以保湿度。2~3 个月后，确认菌丝已经蔓延，则在枝条束之间填满泥土盖上草席。当气温降至 20℃ 以下时，就要架高草席进行水分管理出菇。

（3）室内床架式栽培法。此法适宜于正规化的专业生产，可充分利用立体空间便于人工控温周年栽培。使用此法虽一次性投资大，但周转快、成本收回也快。

菇房的建造：选择地势干燥、环境清洁、背风向阳、空气流畅的地段。菇房应坐北朝南。每间 20m² 左右、高 3.5m，墙壁和屋面要厚，可减少气温突变的影响，尤其是可防止高温袭击。内墙及屋面要粉刷石灰，有利于杀菌。地面要光洁，坚实，以便清扫保持卫生。门窗布局要合理，便于通风和床架设置。墙脚安下窗，房顶安拔风筒。有条件的要配备加温，降温设施。

现有房屋改选为菇房，主要是开下窗和安拔风筒。

简易菇房设计有两种：一种是地面挖下 1.5~2m 深，搞半地下式，有利于冬季保温和夏季防暑。要求在无地下水处建造。下墙壁和地面整实，四周挖排水沟。从下挖的地面墙壁伸出 45°

坡的排气管道，防止通气不良。上墙用土坯，墙高 2.5m 左右。两头留门，墙外用石灰抹皮，用草盖顶。另一种是用木桩扎架，用芦苇、高粱秆围墙，内外用泥抹面，草盖顶。此种菇房只适应春秋季用。

床架的设置：床架要和菇房方位垂直排列。四周不要靠墙，南北靠窗两边要留 66.6cm 宽走道，东西靠墙要留 0.5m 宽走道，床架间走道宽 66.6cm。每层架间距 66.6cm，底层离地面 33.3cm。上层离屋面 1.3 ~ 1.65m，床面宽 1.5m。床架必须坚固、平整。

床架的材料可以有多种：一种是钢筋水泥结构；一种是木制；一种是铁架，也可以几种材料搭配制作。最简易的是用砖垒垛，木棒搭横条、芦帘铺层。

菇房消毒：菇房在使用前后必须进行严格消毒。消毒前 1 天，先将菇房内打扫干净，再用清水把室内喷湿，以提高消毒效果。菇房消毒通常在栽培前 3 天进行。消毒方法可根据具体条件选用如下的一种。

①硫黄熏蒸：将菇房密封，然后按每立方米空间 5g 硫黄的用量点燃熏蒸。

②每立方米空间用 10ml 甲醛溶液 1g 高锰酸钾熏蒸。

③用 30% 有效氯含量的漂白粉 1kg 喷雾。

④用 5% 石炭酸液喷雾。

消毒后开窗通风两天即可用于栽培。老菇房的消毒更要彻底。否则，杂菌污染和虫害发生严重而导致生产失败。

床式栽培的培养料可用生料，也可用半熟料。可用粉料也可用粗料。一般采用层播法，即在床架上铺上塑料薄膜，铺 5 ~ 6.5m 的料，撒一层菌种，再铺一层纸后覆盖薄膜。接种量：麦粒种为料的 5% ~ 10%，木屑种加倍。第一层用种量占总用种量的 1/3，第二层占 2/3。盖膜前先用木板将料面压平、压实。粉

食用菌栽培技术与管理

料轻压、粗料重压。铺料的厚度要掌握天热薄铺，天冷厚铺；粉料薄铺，粗料厚铺。这里所指的厚与薄是相对而言，最薄不得少于10cm，最厚不得超20cm。

另一种接种法是穴播：铺好料后按10cm×10cm的株行距打穴，每穴种一块枣大的菌种后撒一薄层菌种封面，压平盖膜。

（4）袋栽。选用面宽22～25cm的筒状塑料薄膜。剪截成50cm长的塑料筒，也可用一般聚乙烯薄膜热黏合为上述要求的塑料筒。袋栽分熟料和生料两种方式。

熟料栽培又分两头接种法和两面接种法。两头接种法适宜堆叠式栽培，两面接种法适宜挂袋式栽培。

两头接种法的装袋进程是先将一个直径3.5cm、长3.5～4cm的硬塑料套进袋口，把塑料袋口头反转过来，使其紧贴套环后塞上棉塞，将袋旋转一周使其不留空洞即可装料，装好压紧到一定高度，中间打上接种孔，用同样的方法上另一头套环和棉塞。上甑灭菌。常压灭菌10小时，冷却后在接种室无菌操作接种培养。

两面接种是把一头袋口扎紧烧熔袋口密封、装料，扎紧另一头密封、灭菌。接种时在接种室用灭过菌的打孔器在袋子的两面各打2个接种孔，接上种后用医药胶布粘在接种孔上，然后培养。

生料（或半熟料）栽培，将没霉变的稻草扎成长6.7cm、粗3.3cm的通气塞扎在袋口一端，装入一层菌种接着装料，边装边压，装至袋中央又放一层菌种再装料，最后撒上一层菌种和扎上气塞，即可入室培养。另一种接种方法是混播，即将菌种和料混合后装袋。生料袋栽用种量一定要达到料的15%，菌种少了易失败。

接种后的栽培袋先放在适宜的温度下发菌。一般15～25天菌丝可长满菌袋，这时可搬进栽培。两头接种的菌袋去掉棉塞和套圈，将袋口割掉或向外翻卷，像码砖垛那样堆叠起来喷水管理，两头出菇，若傍墙堆叠则一头出菇。两面接种的菌袋，在菌丝长满接种孔周围时，将胶布撕开一角增加通气量，菌丝长满袋后，用"S"形铁丝钩将菌袋悬挂起来，撕去全部胶布喷水管理，生料菌袋管理与熟料两头接种袋同。

（5）砖式栽培。这种方式操作简便、工效高、成本低、产量高、经济效益好。由于便于搬动，特别适宜于山洞、人防地道。夏天搞洞外发菌洞内出菇栽培。

先制成长 33.3～50cm、宽 26.6～33.3cm、高 1～2cm 的活动木模。制砖时先铺长薄膜，然后将生料或半熟料按层播法或混播法制成菌砖，去掉木模，发菌培养。管理方法与床式、箱式等同将在后面"管理方法"中介绍。

（6）箱式、篮式、盆式等。平菇栽培可充分利用木箱、纸箱、塑料箱、竹篮、箩筐、各种盆子等容器栽培。其栽培方法基本与菌砖栽培法同。只是菌砖是活动木模可脱模，而其他方式则直接在容器里的区别。

（7）扎捆栽培。将用 2% 石灰水浸泡过的玉米棒，冲洗干净后用铁丝绑扎成捆（头尾不能颠倒）。用铁钻把每一个玉米轴头上扎一个孔，放上蚕豆大一粒菌种。一半陷入孔内，一半露在孔外。盖一层纸后用消过毒的薄膜将整捆包好发菌。

（8）阳畦栽培法。平菇阳畦栽培法是近些年发展起来的一种适合农村大面积生产的生料栽培法。适宜于房前屋后、林间空地、葡萄架下、冬闲田土、城市园林、空房屋的充分利用，不需要专门设备、成本低、产量高，简便易行，技术易于掌握，是一种普及性的培植方式。

阳畦的建造：一般有 3 种方法可根据条件进行选择。

挖畦：阳畦坐北朝南，挖深 30cm、宽 1m、长不限。挖起的泥土放在畦北筑起 33.3cm 高的矮墙，畦南挖一浅沟排水。此法适宜于冬闲田土、林间空地。

筑畦：用泥坯、砖垒成宽1m、高20cm、长不限的畦。内壁抹泥皮。此法适宜于不便下挖的空屋、水泥场院、阳台等场地。

搭畦：用竹片或钢筋搭成弓背形南北走向的棚，畦宽2.5m，中间开30cm的沟作为过道，长不限。此畦可与蔬菜轮作。

接种前若畦内太干燥可于接种前一天灌水。待水渗下，次日接种；若畦内地下水位高则应在畦内铺上薄膜再接种。进料接种法与室内床架栽培法的进料接种同。接种后若气温低或无遮阴条件，要用草帘保温或遮阴。

（9）地道山洞培植法。此法可充分利用人防地道、溶洞、废矿井作菇房，能避开严寒和酷暑的不利栽培季节。其场地消毒与室内栽培同。播种方式可根据地形搞床架、菌砖、菌袋、地面平铺都可以，不同点是：没有自然光照；温差小不利于刺激催蕾；还有的存在通风条件差的问题。因此，在栽培上应采取如下措施：

①在洞内安装电灯代替日光，每4m远安60W灯泡一颗。出菇阶段，每天开灯2~5小时。

②在通气不良的洞内安装风扇和进风扇。每小时换气5~10分钟。

③用菌砖菌袋栽培。场外发菌、洞内出菇。床架或平铺栽培则在洞内设置加温设备，间隙加温。注意：如用火炉加温，则一定要用管道将烟排出洞外。

（10）坑道栽培。选择排水良好的场地，挖成南北向的坑道。底宽2m，挖深1.2m，将挖起的泥土堆高筑紧，使坑道总高1.8~2m。沟底两边各挖一浅沟排水。上面用竹片或钢筋搭成弓背形棚架，盖上薄膜。两边种上绿色攀援植物铺上棚架。坑道两壁用于堆叠菌砖或菌袋。中间作为管理过道。

坑道内的温度、湿度、光照、空气等条件都极为适宜平菇生长。且受季节气温影响又比地面小得多，冬暖夏凉造价也低，极为经济合算，是平菇栽培较好的一种方式。据报道，用坑道栽培平菇，生物效率可达 150% 以上，这是一种值得提倡的栽培方式。

除以上介绍的 10 种方式外，还有柱式栽培法、菌墙式栽培法、瓶罐栽培法等。只要懂得了平菇的生长发育特性，对环境条件的要求及栽培原理，自己在实际栽培中还可以根据实际条件，创造出新的栽培方式来。

4. 栽培管理

平菇的栽培、管理工作是夺取高产优质的重要环节。从培养料播种之后，一直到出现菇蕾、长成小菇到最后成熟采收，都要根据各个生育阶段对温度、湿度、空气和光线的不同要求，并结合气候变化进行科学管理。

（1）菌丝生长阶段。在平菇栽培中，发菌阶段的管理是非常重要的，这是栽培成败的关键。

一般接种后 2~3 天，菌丝开始恢复。菌丝生长的最适温度是 23~27℃。所以，温度管理应尽可能达到或接近这个范围。生料栽培或开放式栽培，培养料中还有其他微生物活动产生呼吸热，料温将比室温高出 2~3℃ 甚至更多。所以要密切注意料温变化，采取相应的散热措施，降低培养室的温度。

这个阶段的空气相对湿度要求控制在 80% 以下，菇房和菌床都不能喷水，湿度大了污染率高。

菌丝生长阶段，光照对菌丝生长不利，尤其不能让直射阳光照上菌床。培养室的窗子要挂上黑色窗帘。除检查用光外培养室不要随意开灯。

空气对平菇菌丝生长也很重要，虽然菌丝生长阶段能耐较高浓度的二氧化碳，但二氧化碳浓度过高也会抑制菌丝生长，严重缺氧菌丝会老化窒息而死。培养室若通气不良，菌丝的呼吸热散不掉，会致使料温上升，烧坏菌丝。

接种以后 7～10 天菌丝长满菌床表面，在这之前是杂菌污染的危险期。这阶段原则上不能揭膜，只有在料温超过 30℃，不揭膜就会烧坏菌丝时，才能揭膜通风降温。

菌丝长满菌床表面后，每天应揭膜透气 10～20 分钟。因为随着菌丝量的增多，呼吸热和二氧化碳的量也多，所以，需要揭膜透气。

（2）籽实体生育阶段。当菌丝长满全部培养料时，正常温度下需一个月左右（凤尾菇 20 天左右），平菇则由营养生长阶段转入生殖发育阶段。

平菇籽实体生育阶段需要低温，尤其是原基分化更需要低温刺激和较大的温差。所以，在生育阶段将温度控制在 7～20℃ 范围，最适温度 13～17℃。原基分化阶段尽可能扩大温差。

籽实体发育阶段的水分管理尤为重要。菌丝生满培养料后要浇一次出菇水，以补充发菌阶段散失的水分，满足出菇对水分的需要。另外，出菇水还起到降低料温、刺激出菇的作用。同时，可向墙壁、过道、空中喷雾增加空气湿度，把空气相对湿度提高到 85% 左右。

通过催蕾，菌板上开始出现许多小颗粒，即进入桑葚期，此阶段应停止向菌板喷水并揭去或架高薄膜，否则，会影响菇蕾的形成和造成菇蕾不分化烂掉。这阶段应经常向空间喷雾提高空气湿度。在这阶段如菌板过于干燥，菇蕾容易枯萎；补水多了，菇蕾又容易浸水烂掉，温差刺激不够，不能大面积形成原基；揭膜过早，使表面菌丝过早干燥，降低生活力；通风不好，表面菌丝不能全面倒状、纽结，有污染和虫害也不能形成菇潮。所以这阶段的管理难度较大，又极其重要。

3 天左右菇蕾分化长成珊瑚状，称珊瑚期，5～7 天菇体分化成熟，在这阶段应加强以下管理措施：

①通风：室内废气过重会造畸形菇或烂菇，每日通风 3～4 次以补充新鲜空气。

②保湿：空气相对湿度应维持在 90%。因此，每日应根据气候情况在室内喷 4～5 次雾状水，不能让菌盖上积水造成卷曲。若菌板过干燥可用小勺在菌板上淋水，但不要直接喷水到菇体上。冬季可在火炉置开水壶，增加室内蒸汽保温保湿。

光照：从催蕾开始就要拉开培养室的黑窗帘，让漫射光进入菇房，若缺乏光照，菌丝生长长期停留在营养生长阶段，迟迟不分化原基。但光照太明亮对籽实体发育也有不良影响，不能有直射阳光。

③及时采收：平菇适时采收既可保证质量也可保证产量。当菌盖展开，菇体色白，即将散放孢子以前采收为宜。采收过迟，菌盖边缘向上翻卷。表现老化，菌柄纤维度增高，品质下降。且菌体变轻，影响产量。并且大量散放孢子又污染空气。采收过晚，还引起菌丝老化，空耗营养对下潮菇的转潮和产量都有严重影响。

（3）间歇期的管理。第一潮菇采收之后 10～15 天，就会出现第二潮菇，共可收四到五潮，其中，主要产量集中在前三潮。在两潮菇之间是菌丝休整积累养分的时间，此时要做到：

①清理菌板表面老菇根和死菇，防止腐烂。

②轻压菌板并使老菌皮破裂，以利新菇再生。

③将门窗打开通风 4～5 小时，换入新鲜空气。

④用清水将薄膜正反两面彻底擦洗干净，然后贴菌板覆盖，清理室内杂物，保持卫生。

⑤一周后按头潮菇管理法，浇出菇水和搞温差刺激催蕾。以后管理均按头潮菇管理方法。以后各潮菇照此管理。

5. 采收与加工

平菇的适时采收既可保证质量，也可保住产量。当菌盖展开，菇体色浅，盖缘变薄，即将散放孢子之前采收为宜。对平菇的采收，应视实际情况而定。一次性形成菇潮的菌板，就应在籽实体成熟时一次性全部采收。此时的大菇体与小菇体的成熟度是一样的，如认为小菇体还能长而不采摘，反而会使小菇体枯萎。参差不齐形成菇蕾的菌板，则应间大留小的办法进行采收，一潮菇可分 2 ~ 3 次采净。采收时要整丛收，轻拿轻放，防止损伤菇体，不要把基质带起。一潮菇采完后，应清理床面，将死菇、残根清除干净。

平菇除鲜销外，在交通不便的乡村和旺产季节，都可以进行加工，以调节淡旺季的供求。下面介绍两种常用加工方法：盐渍。

盐水加工腌平菇能存放一年左右，其风味不变，是目前我国平菇出口的主要加工方式，方法如下：

①浸泡：将鲜菇放进 6% 的淡盐水中浸泡 3 ~ 4 个小时；

②杀青：将淡盐水浸泡的平菇捞起用清水冲洗，然后放入盛有沸水的铝锅（或不锈钢锅）中，边煮边用木勺搅动，煮 10 分钟捞出，此时菇为黄色。（杀青水可作平菇酱油原汁）。

③冷却：将杀青后的菇倒入清水中充分冷却，捞起沥水 20 ~ 30 分钟。

④腌制：在缸中先放盐再将开水冲进缸中溶解冷却，使盐水浓度为 15% ~ 16%。用纱布滤去杂质后，把菇放入腌制 3 天，之后再换成 23% ~ 25% 的饱和盐水，腌 5 ~ 7 天（不能让菇露出水面）。

⑤倒缸：每隔 12 小时倒缸换盐水一次，每次换水其盐水浓度必须保持 23% ~ 25%。

⑥封存：5 ~ 7 天后菇出缸，并放在竹筛上沥水 8 ~ 10 分钟即可装桶。装后灌满浓度 20% 的盐水，封盖即可运销。

短期贮藏的腌制：食堂、餐馆或家庭可用盐水浸渍短期保存。先配制好 16% ～18% 的盐水溶液，切除菇脚杂质，用清水洗净后即浸入盐水之中。10 分钟后菇体脱水发软，韧性加强，这时菇体由于脱水，重量减轻约 20% 左右。以后保持平衡。食用时捞起，用清水漂洗即可烹调食用，其风味、色泽基本不变。

五、平菇病虫害的防治

平菇菌丝生活力很强，生长速度快，而且具有抗杂菌能力。所以在制种与栽培过程中，菌丝发育阶段管理得好，后期就不容易感染杂菌。甚至染了杂菌也照样还能长菇。但是，在开放式生料栽培中培养料本身就隐藏着各种杂菌孢子，若在环境因子不适合平菇菌丝旺盛生长的情况下，其优势则不再存在而杂菌容易泛滥成灾。引起杂菌感染的重要环境因子是温度和湿度。平菇菌丝生长的温度范围对所有真菌也都适合，只是真菌最合适的温度和湿度略高些，因此，在菌丝培养阶段，稍微疏忽温度上升至 28～30℃，若湿度也大，杂菌就猖獗起来。而且虫卵也纷纷孵化，螨类也随之而来，病虫害一旦蔓延之后就难以驱除，另外，平菇对敌敌畏极为敏感，低浓度的敌敌畏都会致使小菇蕾枯死。由于不能轻易用药，只能以防为主，避免病虫害发生。一旦发生，则采用生态防治、生物防治和化学防治三者结合的综合措施，来控制蔓延。

1. 控制主要的环境因子

针对温度、湿度是引起病虫害的主要原因，所以，栽培过程中要采取相应预防措施。

①温度：根据各气候条件，掌握各地区各品种的安全播种季节。如果人工控温下栽培时，室温不宜超过 22℃。料温不超过 25℃。

②湿度：培养料含水量控制在 60% ～65%。菌丝生长阶段

的空气相对湿度控制在70%左右。

2. 杂菌的预防

①培养料要新鲜，无霉烂变质，配料前先暴晒1~2天。②每次栽培前培养室及用具都要清洗、熏蒸。③生料栽培时，培养料尽量少加或不加有机氮源和糖类物质。④菌种量要大，加速菌丝生长速度，优先占领养料，抵制其他杂菌繁殖。⑤注意防鼠堵塞鼠洞。

3. 常见杂菌及其防治

栽培平菇时常见的杂菌有木霉、青霉、曲霉、脉孢霉、根霉、枝孢霉、黏菌、鬼伞类以及酵母等。在开放式栽培中，发现杂菌可用石灰粉遮盖污染部位；封闭式栽培中，可用注射器或滴管将杀菌药液按比例稀释后注射或滴到污染部位。常见的杀菌剂有高锰酸钾1 000倍液、甲基托布津1 000倍液；多菌灵（含量50%）1 000倍液，含量25%的500倍液等。

4. 虫害防治

平菇栽培时常见的害虫有：线虫、螨类、蚋、鼠、蚁、蛞蝓、蜗牛、马陆、果蝇、菇蚊等。药剂防治可用2.5%溴氰菊酯乳剂2 500倍液喷雾；用灯光和糖醋液诱杀蝇类；骨头烤香诱杀螨、蚁类；用盐杀蜗牛、蛞蝓等。

第三章　香菇栽培技术

一、概述

　　香菇又名香蕈、香信、香菰、椎茸，属担子菌纲伞菌目侧耳科香菇属。香菇的人工栽培在我国已有 800 多年的历史，长期以来栽培香菇都用"砍花法"，是一种自然接种的段木栽培法。一直到了 20 世纪 60 年代中期才开始培育纯菌种，改用人工接种的段木栽培法。70 年代中期出现了代料压块栽培法，后又发展为塑料袋栽培法，产量显著增加。我国目前已是世界上香菇生产的第一大国。

　　香菇是著名的食药兼用菌，其香味浓郁，营养丰富，含有 18 种氨基酸，7 种为人体所必需。所含麦角甾醇，可转变为维生素 D，有增强人体抗疾病和预防感冒的功效；香菇多糖有抗肿瘤作用；腺嘌呤和胆碱可预防肝硬化和血管硬化；酪氨酸氧化酶有降低血压的功效；双链核糖核酸可诱导干扰素产生，有抗病毒作用。民间将香菇用于解毒，益胃气和治风破血。香菇是我国传统的出口特产品之一，其一级品为花菇。

二、香菇生物学特性

1. 香菇形态特征

　　香菇菌丝白色，绒毛状，具横隔和分枝，多锁状联合，成熟后扭结成网状，老化后形成褐色菌膜。籽实体中等大至稍大。菌盖直径 5 ~ 12cm，扁半球形，边缘内卷，成熟后渐平展，深褐色至深肉桂色，有深色鳞片。菌肉厚，白色。菌褶白色，密，弯生，不等长。菌柄中生至偏生，白色，内实，常弯曲，长 3 ~ 8cm，粗 0.5 ~ 1.5cm；中部着生菌环，窄，易破碎消失；环以下有纤维状白色鳞片。孢子椭圆形，无色，光滑。

2. 香菇生活条件

（1）营养。香菇是木生菌，以纤维素、半纤维素、木质素、果胶质、淀粉等作为生长发育的碳源，但要经过相应的酶分解为单糖后才能吸收利用。香菇以多种有机氮和无机氮作为氮源，小分子的氨基酸、尿素、铵等可以直接吸收，大分子的蛋白质、蛋白胨就需降解后吸收。香菇菌丝生长还需要多种矿质元素，以磷、钾、镁最为重要。香菇也需要生长素，包括多种维生素、核酸和激素，这些多数能自我满足，只有维生素 B_1 需补充。

（2）温度。香菇菌丝生长的最适温度为 23 ~ 25℃，低于10℃或高于30℃则有碍其生长。籽实体形成的适宜温度为 10 ~ 20℃，并要求有大于 10℃ 的昼夜温差。目前，生产中使用的香菇品种有高温型、中温型、低温型 3 种温度类型，其出菇适温高温型为 15 ~ 25℃，中温型为 7 ~ 20℃，低温型为 5 ~ 15℃。

（3）水分。香菇所需的水分包括两方面，一是培养基内的含水量；二是空气湿度，其适宜量因代料栽培与段木栽培方式的不同而有所区别。

①代料栽培：长菌丝阶段培养料含水量为 55% ~ 60%，空气相对湿度为 60% ~ 70%；出菇阶段培养料含水量为 40% ~ 68%，空气相对湿度 85% ~ 90%。

②段木栽培：长菌丝阶段培养料含水量为 45% ~ 50%，空气相对湿度为 60% ~ 70%；出菇阶段培养料含水量为 50% ~ 60%，空气相对湿度 80% ~ 90%。

（4）空气。香菇是好气性菌类。在香菇生长环境中，由于通气不良、二氧化碳积累过多、氧气不足，菌丝生长和籽实体发育都会受到明显的抑制，这就加速了菌丝的老化，籽实体易产生畸形，也有利于杂菌的滋生。新鲜的空气是保证香菇正常生长发育的必要条件。

（5）光照。香菇菌丝的生长不需要光线，在完全黑暗的条件下菌丝生长良好，强光能抑制菌丝生长。籽实体生长阶段要散射光，光线太弱，出菇少，朵小，柄细长，质量次，但直射光又对香菇籽实体有害。

（6）酸碱度。香菇菌丝生长发育要求微酸性的环境，培养料的 pH 值在 3~7 都能生长，以 5 最适宜，超过 7.5 生长极慢或停止生长。籽实体的发生、发育的最适 pH 值为 3.5~4.5。在生产中常将栽培料的 pH 值调到 6.5 左右。高温灭菌会使料的 pH 值下降 0.3~0.5，菌丝生长中所产生的有机酸，也会使栽培料的酸碱度下降。

三、香菇栽培方法

香菇的栽培方法有段木栽培和代料栽培两种。段木栽培产的菇商品质量高，投入产出之比也高，可达 1 ：（7~10），但需要大量木材，仅适于在林区发展。代料栽培投入产出比仅为 1 ：2，但代料栽培生产周期短，生物学效率也高，而且可以利用各种农业废弃物，能够在城乡广泛发展。代料栽培一次性投入量大，成本较高。本章重点介绍代料栽培技术。

1. 播种期的安排和菌种的选择

目前，我国北方地区香菇生产多采用温室作为出菇场所，受气候条件的影响大，季节性很强。各地香菇播种期应根据当地的气候条件而定。北京市地区香菇生产多采用夏播，秋、冬、春出菇，由于秋季出菇始期在 9 月中旬，所以，具体播种时间应在 7

食用菌栽培技术与管理

月初，6月初制作生产种。应选用中温型或中温型偏低温菌株。但由于夏播香菇发菌期正好处在气温高、湿度大的季节，杂菌污染难以控制，所以，近年来冬播香菇有所发展。一般是在11月底、12月初制作生产种，12月底到翌年1月初播种，3月中旬进棚出菇。多采用中温型或中温偏高温型的菌株。

2. 栽培料的配制

栽培料是香菇生长发育的基质，生活的物质基础，所以，栽培料的好坏直接影响到香菇生产的成败以及产量和质量的高低。由于各地的有机物质资源不同，香菇生产所采用的栽培料也不尽相同。

（1）几种栽培料的配制其配料以100kg计，视生产规模大小增减。

①木屑78%、麸皮（细米糠）20%、石膏1%、糖1%，另加尿素0.3%。料的含水量55%～60%。

②木屑78%、麸皮16%、玉米面2%、糖1.2%、石膏2%～2.5%、尿素0.3%、过磷酸钙0.5%。料的含水量55%～60%。

③木屑78%、麸皮18%、石膏2%、过磷酸钙0.5%、硫酸镁0.2%、尿素0.3%、红糖1%。料的含水量55%～60%。

上述3种栽培料的配制：先将石膏和麸皮干混拌匀，再和木屑干混拌均匀，把糖和尿素先溶化于水中，均匀地泼洒在料上，用锨边翻边洒，并用竹扫帚在料面上反复扫匀。

④棉籽皮50%、木屑32%、麸皮15%、石膏1%、过磷酸钙0.5%、尿素0.5%、糖1%。料的含水量60%左右。

⑤豆秸46%、木屑32%、麸皮20%、石膏1%、食糖1%。料的含水量60%。

⑥木屑36%、棉籽皮26%、玉米芯20%、麸皮15%、石膏1%、过磷酸钙0.5%、尿素0.5%、糖1%。料的含水量60%。

上述3种栽培料的配制：按量称取各种成分，先将棉籽皮、豆秸、玉米芯等吸水多的料按料水比为1∶（1.4~1.5）的量加水、拌匀，使料吃透水；把石膏、过磷酸钙与麸皮、木屑干混均匀，再与已加水拌匀的棉籽皮、豆秸或玉米芯混拌均匀；把糖、尿素溶于水后拌入料内，同时，调好料的水分，用锨和竹扫帚把料翻拌均匀。不能有干的料粒。

（2）配料时应注意的几个问题。木屑指的是阔叶树的木屑，也就是硬杂木木屑。陈旧的木屑比新鲜的木屑更好。配料前应将木屑过筛，筛去粗木屑，防止扎破塑料袋，粗细要适度，过细的木屑影响袋内通气。在木屑栽培料中，应加入10%~30%的棉籽皮，有增产作用；但棉籽皮、玉米芯在栽培料中占的比例过大，脱袋出菇时易断菌柱。栽培料中的麸皮、尿素不宜加得太多，否则，易造成菌丝徒长，难于转色出菇。麸皮、米糠要新鲜，不能结块，不能生虫发霉。豆秸要粉成粗糠状，玉米芯粉成豆粒大小的颗粒状。

香菇栽培料的含水量应比平菇栽培料的含水量略低些，生产上一般控制在55%~60%。含水量略低些有利于控制杂菌污染，但出过第一潮菇时，要给菌柱及时补水，否则，影响出菇。由于原料的干湿程度不同，软硬粗细不同，配料时的料水比例也不相同，一般料水比为1∶（0.9~1.3），相差的幅度很大。所以，生产上每一批料第一次用来配料时，料拌好后要测定一下含水量，确定一个适宜的料水比例。

①手测法：将拌好的栽培料，抓一把用力握，指缝不见水，伸开手掌料成团即可。

②烘干法：将拌好的料准确称取500g，薄薄地摊放在搪瓷盘中，放在温度105℃的条件下烘干，烘至干料的重量不再减少为止，称出干料的重量。料的含水量（%）＝（湿料重量－干料重量湿料重量）×100%。配料时，随水加入干料重量的0.1%

多菌灵（指有效成分）有利于防止杂菌污染。

3. 香菇袋栽技术

袋栽香菇是香菇代料栽培最有代表性的栽培方法，各地具体操作虽有不同，但道理是一样的。

（1）冬播香菇袋栽方法。北方的冬季气温低，籽实体生长慢，产量低，但菇肉厚，品质好。这个季节管理的重点是保温增温，白天增加光照，夜间加盖草帘，有条件的可生火加温，中午通风，尽量保持温室内的气温在7℃以上。可向空间、墙面喷水调节湿度，少往菌柱上直接喷水。如果温度低不能出菇，就把温室的相对湿度控制在70%～75%，养菌保菌越冬。

春季的气候干燥、多风。这时的菌柱经过秋冬的出菇，由于菌柱失水多，水分不足，菌丝生长也没有秋季旺盛，管理的重点是给菌柱补水，浸泡时间2～4小时，经常向墙面和空间喷水，空气相对湿度保持在85%～90%。早春要注意保温增温，通风要适当，可在喷水后进行通风，要控制通风时间，不要造成温度、湿度下降。

（2）夏播香菇袋栽方法。香菇在夏季播种，正值高温高湿季节，接种和培菌难度大，易出现杂菌污染或高温烧菌。香菇在冬季播种，宜采用中温型和中偏高温型香菇菌株，10月下旬开始作母种，11月初作原种，11月底和12月初制作栽培种，翌年1月播种。采用17cm×35cm的塑料筒作为栽培袋，拌料、装袋、灭菌、接种的操作方法基本同夏播。选用便于增温、保温的房间或温室作为菌袋培养场所，培菌场所要空间消毒后才能进菌袋，菌袋"#"字形一行一行接种穴侧向排垒起来，每行可垒6～7层，4行为1m³，长度不限，方与方之间留有走道。开始要把室温控制在25～26℃，每3天在中午气温高时通一次风。菌袋培养到13～15天，接种穴的菌丝体生长直径达8cm以上时，进行第一次翻袋、扎微孔。翻袋前要喷洒2%的来苏水或者用氧原子消毒器进行空间消毒，要把每方的中间两行温度高的菌袋调换到两边，把两边的菌袋调换到中间，这样使每个菌袋温度差异不大，菌丝生长整齐。在翻袋时，把杂菌污染的菌袋去除，同时，对无杂菌污染的菌袋，在有菌丝体的部位距离菌丝生长前沿 2cm 处扎微孔，微孔深 1cm，每个接种穴的菌丝体上扎 3～4 个。第一次翻袋扎孔后，菌丝生长量加大，这时要把室温控制在 24℃左右。这时每 2 天中午通一次风。再过 12～13 天进行第二次翻袋，并在每一片菌丝体上距离菌丝生长前沿 2cm 处扎一圈微孔，约 5～6 个，孔深 2cm 左右，这时要把室温控制在 23℃左右。整个培养过程都要注意遮光。规格为 17cm×35cm 的菌袋，如果 4 点接种，一般 45 天左右长满袋，再继续培养，待菌袋内菌柱表面膨胀，2/3 的面积上出现瘤状体时，即可进出菇棚，脱袋转色出菇。一般在 3 月中下旬菌袋可进温室出菇。应先在温室内作畦，畦宽 1～1.2m，深 15～20cm，温室要用硫黄或甲醛进行空间消毒，地面撒石灰粉，在畦面上铺一层炉灰渣或者沙子，把长好的菌袋在温室内脱去塑料袋，将菌柱间距 2cm 立排在畦内，菌柱间隙填土（园田土 60%＋炉灰渣 40%，晒干，再用 5% 的甲醛水调至手握成团，落地即散，堆起来盖膜闷 2 天再用，也可用地表 10cm 下的肥沃的壤土）。每个菌柱顶端露出土层 2cm，并用软的长毛刷子将露出土层的菌柱部分所沾的土刷掉，畦上用竹片拱起，罩上塑料膜，保温保湿，转色。冬播香菇的转色是在 3 月下旬，气温偏低，空气相对湿度小，多风，管理的重点是保温、保湿、轻通风。出菇管理同前。第一潮菇采收后，温室大通风 1 小时，停止喷水 4～5 天后，再向畦内喷一次大水，以补充菌柱的含水量。4 月以后的管理要注意遮光降温和防虫。这种栽培方法的优点是菌柱在土里可随时补充水分和部分养分，省去了浸袋补水过程。同时，还要注意，由于菌柱只是顶端出菇，因此，出菇面积较小，如果出菇密度大时，常因菇体的相互拥挤变形，造成质量下降，所以菇蕾太密时要及时疏蕾，以保证菇的质量。另外，菇体距离地面很近，很易沾上沙土，也会影响菇的商品质量，喷水时要轻喷、细喷，不能使菌体溅上土。

四、香菇的加工与保鲜

香菇采收时，要轻轻放在塑料筐中，且不可挤压变形，然后清除菇体上的杂质，挑出残菇，剪去柄基，并根据菌盖大小、厚度、含水量多少分类，排放在竹帘或苇席上，置于通风处。应及时加工，长时间堆放在一起会降低质量。

1. 菇的干制

（1）晒干。要晒干的香菇采收前 2~3 天内停止向菇体上直接喷水，以免造成鲜菇含水量过大。菇体 70%~80% 成熟，菌膜刚破裂，菌盖边缘向内卷呈铜锣状时应及时采收。最好在晴天采收，采收后用不锈钢剪刀剪去柄基，并根据菌盖大小、厚度、含水量多少分类，菌褶朝上摊放在苇席或竹帘上，置于阳光下晒干。一般要晒 3 天左右才可以达到足干。香菇晒干方法简单，成本低，但在晒干的前期，菇体内酶等活性物质不能马上失去活性，存有一定的"后熟"作用，影响商品质量。遇有阴雨天就难晒出合格的商品菇。另外，晒干的香菇不如烘干的香菇香味浓郁，对商品价值有所影响。

（2）烘干。刚采收下的香菇马上进行清整，剪去柄基，根据菇盖的大小、厚度分类，菌褶朝下摊放在竹筛下，筛的孔眼不小于 1cm。先将烘干机预热到 45℃ 左右，降低机内湿度，然后将摊放鲜菇的竹筛分类置于烘干架上。小的厚菇，含水量少的菇放于架的上层，薄菇、菌盖中等的菇置于架的中层，大且厚的菇或含水量大的菇置于架的下层。机内温度逐渐下降，烘烤的起始温度，较干的香菇为 35℃，较湿的香菇为 30℃。这时菇体含水量大，受热后表面水分迅速蒸发，为了加速水分蒸发，烘干机的进气口和排气口全开，加大通风量，排出水蒸气，促使直立的菌褶固定下来，防止倒伏。此时，烘烤的温度不宜过高，否则，菇体易烘黑、蒸熟。要及时排出水蒸气，防止菇表出现游离水，以免影响香菇色泽和香味，也不易烘干。烘烤时，每3小时温度升高5℃，当烘烤温度升到45℃时，菇体水分蒸发减少，此时，可关闭1/3的进气口和排气口。烘烤进入菇体干燥期，维持3小时后，打开箱门将烘筛上下层的位置调换一下，使各层的菇体干燥程度一致。以后每1小时升温5℃，当温度升到50℃时，关闭1/2的进气口和排气口。温度升到55℃时，菌褶和菌盖边缘已完全烘干，但菌柄还未达足干，这时要停止加热，使烘烤温度下降到35℃左右。由于此时菇内温度高于菇体表面温度，加速了菇内水分向菇体表面扩散。4小时后重新加热复烘，温度升到50~55℃时，打开1/2的进气口和排气口，维持3~4个小时后，关闭进气口和排气口，控制烘烤温度在60℃，维持2小时，即可达到足干。

（3）晒烘结合干制熏菇。刚采收的鲜香菇经过修整后，摊在竹筛上，于阳光下晒6~8小时，使菇体初步脱水后再进行烘烤。这样能降低烘烤成本，也能保证干菇的质量。

（4）干香菇的贮藏。干制后的香菇含水量在13%以下，手轻轻握菇柄易断，并发出清脆的响声。但也不宜太干，否则，易破碎。干香菇易吸湿回潮，应按分类等级装在双层大塑料袋里，封严袋口，也可根据客户要求，按等级、重量分装在塑料袋里，封严袋口，再装硬纸箱，放在室温15℃左右和空气相对湿度50%以下的阴凉、干燥、遮光处，要防鼠、防虫，经常检查贮存情况。

2. 香菇的保鲜

香菇保鲜方法很多，有速冻、冷藏、化学、气调、微波等方法。

（1）脱水冷藏保鲜。香菇采收前10小时停止喷水，70%~80%成熟时采收，精选去杂，切除柄基，根据客户要求标准分级，然后将香菇菌褶朝下摆放在席上或竹帘上，置于阳光下晾晒，秋、春季节晾晒约3~4小时，夏季阳光强晾晒1~1.5小时。晒后的香菇脱水率为25%~30%，即100kg鲜香菇晒后为70~75kg。这时手捏菇柄有湿润感，菌褶稍有收缩。分级、定量装入纸盒中，盒外套上保鲜袋，再装入纸箱中，于0℃下保藏。

（2）密封包装冷藏保鲜。鲜香菇经过精选、修整后，菌褶朝上装入塑料袋中，于0℃左右保藏。一般可保鲜15天左右，适合于自选商场销售。

五、病虫害及杂菌的综合防治

袋料栽培香菇的综合防治措施

1. 严格把好菌种关

在确定生产用的优良品种以后，菌种是否被杂菌污染则是优质菌种最基本的条件。优质菌种可采用目测和培养的方法来确定。凡菌丝粗壮，打开瓶塞具特有香味，可视为优质菌种。有条件的，还应抽样培养，同时，还可检查菌丝生活力。

2. 严格把好菌袋加工关

塑料袋应选择厚薄均匀、无沙眼、弹性强、耐高温、高压的聚丙烯塑料袋，培养料切忌太湿，料水比掌握在1：（1.1~1.2）；装料松紧适中，上下表内一致；两端袋口应扎紧，并用火焰熔结，在高温季节制菌袋时，可用1：800倍多菌灵溶液拌料，防治杂菌。

3. 严格把好灭菌关

常压灭菌应使灶内温度稳定在100℃，并持续8小时；锅内菌袋排放时，中间要留有空隙，使蒸气畅流菌袋受热均匀；要避免因补水或烧火等原因造成中途降温；从拌料到灭菌必须在8小时内完成，从灭菌开始到灶温上升到100℃不可超过5小时，以免料发酵变质。

4. 搞好环境卫生，净化空气

使空气中杂菌孢子的密度降得最低，是减少杂菌污染最积极有效的一种方法。装瓶消毒冷却，接种、培养室等场所，均需做好日常的清洁卫生。暴雨后要进行集中打扫。坚持每天在空中、地面用0.2%肥皂水或3%～4%石炭酸水溶液，5%甲醛，1：500倍50%的多菌灵水溶液及5%～20%石灰清水等交叉喷雾或喷洒，将废弃物和污染物及时烧毁或浸入药水缸，以防污染环境和空气。

5. 严格无菌操作

接种室应严格消毒；做好接种前菌种预处理；接种过程中菌种瓶用酒精灯火焰封口；接种工具要坚持火焰消毒；菌种尽量保持整块；接种时要避免人员走动和交谈；及时清理接种室的废物，保持室内清洁。

6. 科学安排接种季节

必须根据香菇菌丝生长和籽实体发生对温度的要求，科学安排接种季节。过早接种或遇夏秋高温气候，既明显增加污染率，又不利菌丝生长；过迟接种，污染率虽然较低，但秋菇生长期缩短，影响产量。接种以日平均气温稳定在25℃左右时为最好。

夏季气温偏高时，接种时间应安排在午夜至次日清晨。

7. 改善环境因子

杂菌发生快慢和轻重，在很大程度上取决于各种环境因子，特别是香菇栽培块或菌筒上的真菌发生时应通风换气。温度、湿度等环境因子有利于香菇生长发育时，香菇菌丝生活力旺盛，抗性强，杂菌就不易发生，反之，杂菌便会乘虚而入，迅速发生。因此，在日常管理工作中，尽可能创造适宜香菇菌生长发育的环境条件，这也是一项很重要的预防措施。

8. 减少菌丝发生真菌

减少菌丝未愈合时发生真菌，采取将门窗关好（定量开窗通风几次），除去覆盖的薄膜，待控制真菌后再盖上的措施。若个别栽培块发生真菌，不要急于处理，待菌丝愈合后再作处理，但需增加掀动薄膜的次数，并加强栽培室通风换气和降温减湿。

9. 抑制真菌生长

真菌发生在栽培块或菌筒表面，尚未入料，一般可以采用pH 值 8 ~ 10 的石灰清水洗净其上的真菌，改变酸碱度，抑制真菌生长。若真菌严重，已伸入料内，可把真菌挖干净，然后补上栽培种。真菌特别严重的栽培块或菌筒，可拿到室外，用清水把真菌冲洗干净，晾干 2 ~ 3 天后，再喷洒 0.5% 过氧乙酸（CH_3COOH），可收到显著的防治效果。

10. 加强检查

在气温较高季节，培养室内菌袋排放不宜过高过密，以免因高温菌丝停止生长或烫伤，影响成品率。发菌 5 ~ 6 天后，结合翻堆要逐袋认真检查，发现污染菌袋随即取出。对污染轻的菌袋，可用 20% 甲醛或 5% 石碳酸或 95% 酒精注射于污染部位，再贴上消毒胶布。

对青霉、木霉污染严重的菌袋，添加适量新料后重新灭菌接种；污染链孢霉的菌袋，及时深埋。此外，要防鼠灭鼠，避免老鼠间接污染，对污染废弃的菌袋要集中处理，千万不能到处乱扔，以免造成重复感染。

11. 防治虫害

袋料栽培中为害香菇的害虫主要是螨类和线虫。菌筒室内培养期间主要是螨的为害，后期主要是线虫。培养室或栽培场发生害虫为害可喷高效低毒农药，1：（1 200～1 500）倍的特杀螨，1：50倍的杀虫乳剂和1：500倍的马拉松乳剂防治线虫，可收到良好效果。

第四章 双孢蘑菇栽培技术

一、概述

双孢蘑菇又叫白蘑菇，洋蘑菇等。属担子菌纲，伞菌目，伞菌科，蘑菇属。它是世界上栽培历史最悠久，栽培区域最广，总产量最多的食用菌。目前，世界上有 70 多个国家栽培，产量占食用菌总产量的 60% 以上。

双孢蘑菇的肉质细嫩，味鲜美，蛋白质含量高，营养丰富。据测定每 100g 鲜菇中，含蛋白质 3.58g，碳水化合物 7.38g，脂肪 0.58g，纤维素 1.18g，灰分 1.2g。在灰分中磷 150.8mg，钾 380.3mg，钙 13.7mg，铁 3.6mg。还含有多种微量元素和维生素。蛋白质中有 18 种氨基酸，包括人体必需的 8 种氨基酸，属高蛋白低脂肪食品，符合当今人们对饮食结构的要求。

双孢蘑菇还有多种医疗和保健功能，蘑菇中的多糖体，能降血压和胆固醇，而所含的 β - 葡聚糖和 β - 1,4 葡聚糖苷对癌细胞和病毒都有明显的抑制作用。经常食用可提高人体免疫力，达到健身强体。

栽培双孢蘑菇的原料大多是农、林副业的下脚料和畜禽粪类。原料丰富，取材方便，价格低廉。因此，栽培双孢蘑菇投资少，效益高，是发展农村副业，充分利用闲散劳动力，增加农民收入，发展农村经济的重要途径。

二、双孢蘑菇的形态结构

双孢蘑菇是由菌丝体和籽实体构成的。双孢蘑菇栽培所使用的"菌种"，就是它们的菌丝体。其主要功能是从死亡的有机质中分解、吸收、转运养分，以满足菌丝增殖和籽实体生长发育的需要，在食用菌生产中，菌丝体充分生长是获得丰收的物质基础。

双核菌丝达到生理成熟后，开始扭结形成籽实体。双孢蘑菇籽实体菌盖伞状圆正，肉质肥厚，洁白如玉，表皮光滑，味道鲜美。菌肉白色，受伤后变为浅红色。菌褶密集、离生、窄、不等长，由菌膜包裹，菌盖开伞后，才露出菌褶，并逐渐变为褐色、暗紫色，菌褶里面为子实层。菌柄短，中实，白色。籽实体成熟开伞后散发担孢子。未成熟的担孢子为白色，逐渐变为褐色。担孢子圆形，光滑。

三、双孢蘑菇的生活史

双孢蘑菇属次级同宗结合菌类，其生活史比较特殊。因为每个担孢子内部含有两个（＋－）不同交配型核，称为雌雄同孢。担孢子萌发后形成的是多核异核菌丝体，而不是单核菌丝体。这种异核菌丝体不需进行交配便可发育成籽实体，籽实体菌褶顶端细胞逐渐长成棒状的担子，担子中的两个核发生融合进行质配，进而核配形成双倍体细胞，随后进行1次减数分裂和1次普通有丝分裂，产生4个核，4个核两两配对，分别移入担子柄上，便可形成两个异核担孢子，至此，完成了双孢蘑菇的生活周期。因为双孢蘑菇产生的孢子中，除多数是含有（＋－）两个异核孢子外，还产生同核（＋＋或－－）孢子，同时，也产生单核

（＋或－）孢子。不同的孢子萌发后，形成双孢蘑菇生活史中的不同分枝。同核孢子和单核孢子萌发后都形成同核菌丝体，不同性别的同核菌丝体经质配形成异核菌丝体，异核菌丝体在适宜条件下形成籽实体，籽实体成熟后又产生不同类型孢子。

四、双孢蘑菇的生活条件

双孢蘑菇的生活条件包括营养条件和环境因素两方面，而蘑菇的不同发育阶段所要求的生活条件，又有所差异。

1. 营养

营养是蘑菇生长的物质基础，只有在丰富而合理的营养条件下，蘑菇才能优质高产。双孢蘑菇营养中主要有碳源、氮源，无机盐类和维生素类物质。

双孢蘑菇能利用的碳源很广，各种单糖，双糖，纤维素、半纤维素、果胶质和木质素等。单糖类可直接被菌丝吸收利用，复杂的多糖类需经微生物发酵，分解为简单糖类才能被吸收。双孢蘑菇可利用有机态氮（氨基酸、蛋白胨等）和铵态氮，而不能利用硝态氮。复杂的蛋白质也不能直接吸收，必须转化为简单有机氮此物后，才可作为氮源利用。

双孢蘑菇生长不但要求丰富的碳源和氮源，而且要求两者的配合比例恰当，即有适宜的碳、氮比（C/N）。实践证明，籽实体分化和生长适宜的碳、氮比（C/N 为 <30～33> : 1），因此，堆肥最初的 C/N 要按（30～33）: 1 进行调制，经堆制发酵后由于有机碳化物分解放出 CO_2，使 C/N 比下降，发酵好的培养料 C/N 约为（17～18）: 1，正适于蘑菇生长的要求。

双孢蘑菇所需的无机盐营养种类很多，其中，有大量元素磷、钾、钙、镁、铁。也有微量元素铜、锌、钼、硼、钴等。

除以上主要营养成分外，菌丝生长和籽实体形成还需生长素类物质，如维生素、刺激素等。试验证明，维生素 B_1，$\alpha-$ 萘乙酸，三十烷醇都有刺激菌丝生长和籽实体形成作用。

微量元素和生长素类物质，虽是蘑菇生长不可缺的物质，但因需要量极少，在培养料主辅料中的含量，即可满足需要，不必另外添加。

在双孢蘑菇栽培中，常以作物秸秆、壳皮、畜禽粪等富含纤维素质为碳源，由麸皮、米糠、玉米粉和饼粉、尿素等提供氮源，添加的石膏、碳酸钙、磷肥等以满足各种无机盐营养。

2. 环境条件

影响蘑菇生长的环境条件主要是温度、水分、通气、光线和pH 值。

（1）温度。温度是最活跃的影响因素，但蘑菇不同品种和菌株，不同发育阶段要求的最适温度范围有很大差异。一般而论，菌丝生长阶段要求温度偏高，菌丝生长的温度范围 6～34℃，最适生长温度 24～26℃。因品种温型不同，最适温度有所不同。温度偏高，菌丝生长快，但菌丝稀疏、细弱，易早衰。在培养菌种过程中，若温度过高，出现菌丝吐黄水现象。但温度也不能太低，低于 3℃菌丝便不能生长。10℃左右菌丝生长缓慢，生长周期长，菌龄不一致。只有在最适温度范围内，菌丝长速适中、健壮、生命力强。

籽实体发生和生长的温度范围 6～24℃，以 13～16℃最适宜（温型不同有一定差异）。温度高于 18℃籽实体生长快、出菇密，但朵型小，组织松软，柄细而长，易开伞。温度低于 12℃，籽实体生长慢、出菇少、个体大、质量好、但产量低。温度低于5℃籽实体便不能形成。

担孢子萌发温度 18～27℃，以 20～24℃最适宜。

（2）水分和湿度。水分指培养料的含水量和覆土中的含水量，而湿度是指空气中的相对湿度。培养料的含水量以 60%～

65%为宜，若低于50%，菌丝常因水分供应不足而生长缓慢，菌丝稀疏、纤细。籽实体也因得不到足够水分而形成困难。若培养料含水量过大，导致通气不良，菌丝体和籽实体均不能正常生长，并易感染病虫害。

菌丝生长阶段要求环境空气适当干燥，空气湿度75%左右。超过80%，易感染杂菌。籽实体发生和生长要求适宜湿度80%~90%。湿度长期超过95%可引起菌盖上积水，易发生斑点病。若湿度低于70%，菌盖上会产生鳞片状翻起，菌柄细长而中空。低于50%停止出菇，原有幼菇也会因干燥而枯死。

（3）通气。双孢蘑菇是好气性菌，在生长发育各个阶段都要通气良好。对空气中二氧化碳浓度特别敏感。菌丝生长期适宜的二氧化碳浓度为0.1%~0.3%；菌蕾形成和籽实体生长期，二氧化碳浓度0.06%~0.2%。当二氧化碳浓度超过0.4%时，籽实体不能正常生长，菌盖小，菌柄长，易开伞。二氧化碳浓度达0.5%时，出菇停止。因此，在双孢蘑菇栽培过程中，一定要保证菇房空气流通而清新。

（4）光线。双孢蘑菇与其他菇类不同，它整个生活周期都不需要光线。在黑暗的条件下，菌丝生长健壮浓密，籽实体朵大，洁白，肉肥嫩，菇形美观。而在有光条件下，尤其生长健壮。

五、双孢蘑菇栽培技术

双孢蘑菇栽培方式可分为床架式栽培、箱式栽培、地畦式栽培等。这些方式既可在室内栽培，也可在室外大棚进行。

（一）床架式栽培

1. 培养料配制
培养料的好坏直接关系到蘑菇栽培的成败和产量高低。蘑菇培养料目前有粪草培养料和合成培养料两大类。

（1）粪草培养料。我国目前栽培的蘑菇多数采用粪草培养料，铺料厚度以15cm计，则每100m²的栽培面积需要4 500kg培养料，可采用粪草比例1.5：1或1：1两种配方。

①干牛粪58%，干稻麦草39%，过磷酸钙1%，尿素0.5%，硫酸铵0.5%，石膏1%。按此配方约需干牛粪2 600kg，稻麦草各半共1 800 kg，过磷酸钙45kg，尿素23kg，硫酸铵23kg，石膏45kg，C/N约为31.6：1。

②干牛粪47.5%，干稻麦草47.5%，菜籽饼4.5%，尿素0.5%；石膏1%。按此配方需干牛粪约2 100kg，干稻麦草各半共2 100kg，菜籽饼200kg，尿素25kg，100石膏45kg，C/N为33：1。

下面介绍几种国外的粪草培养料配方。

①美国马厩肥堆料配方：马厩肥80kg，鸡粪7.5kg，啤酒糟2.5kg，石膏1.25kg。

②荷兰马厩肥堆料配方：马厩肥1 000kg，鸡粪100kg，石膏25kg。

（2）合成培养料。合成培养料是不用粪肥或少用粪肥配制的培养料。目前，合成培养料在日本、美国、韩国、英国及我国台湾已相当普及，成为蘑菇生产的主要培养料。合成培养料以稻草或麦秆为主要材料，配以含氮量高的尿素、硫酸铵或饼肥等。在配制合成培养料时，不宜只采用一种氮肥，因为堆肥的腐熟是多种微生物共同发酵的结果，不同种微生物需要不同的氮源。在配制培养料时还需添加一定量的磷、钾、钙等营养元素。由于合成培养料的腐熟比粪草培养料慢，尤其是小麦秆、玉米芯等不易腐熟，还需添加微量元素加速麦秆等的腐熟，也为培养料增加营养成分。

我国采用合成培养料的配方较多，下面举例说明。

①每 100m² 栽培面积用稻草 2 250kg，尿素 18.5kg，过磷酸钙22.5kg，石膏粉45kg，碳酸钙22.5kg，C/N 为33：1，经二次发酵后，播种前 C/N 为 18：1，pH 值由 8.3 左右降至 7.3 左右。

②稻草 100kg，尿素 1kg，硫酸铵 2kg，过磷酸钙 3kg，碳酸钙 2.5kg。

国外的合成培养料配方也很多，现举例如下。

①日本配方：稻草 1 000kg，石灰氮 10kg，尿素 5kg，硫酸铵 13kg，硫酸钙 30kg，过磷酸钙 30kg。

②美国兰伯特式合成培养料的配方：小麦秆或黑麦秆 1 000kg，血粉 40kg，马粪 100kg，尿素 10kg，过磷酸钙 40kg，碳酸钙 20kg，细土 500kg，水 2 500kg。

③美国辛登式配方：麦秆 1 000kg，豆秸 1 000kg，干啤酒糟 75kg，石膏 50kg，硝酸铵 30kg，氯化钾 25kg。

④韩国配方：稻草 1 000kg，鸡粪 100kg，尿素 12～15kg，石膏 10～20kg。

2. 培养料堆积发酵

堆积发酵将配方中的各种材料混合在一起，让其腐熟发酵的过程。其目的为：使各种好热性微生物在堆料中繁殖，把培养材料中的纤维素、半纤维素、木质素分解为蘑菇菌丝可以利用的化合物；所加入的氮素营养物质被各种微生物利用后，变成微生物的蛋白质，当微生物死亡后，菌体也就成了蘑菇可利用的有机氮；发酵过程中释放的热可以杀死料中的病虫杂菌；经过发酵，堆料变得柔软、疏松、通气，具有优良的物理状态。

（1）堆料前的准备。粪肥应晒干，不要淋雨，若来不及晒干，则可挖坑倒入，拍紧，密封。用干粪堆积效果好，牛粪最好晒干至半干时粉碎成粉状，再晒干透。稻草、麦秆等材料需选用新鲜、无霉烂的，使用前须切割成 20～30cm 长的小段，以便其吸水，也便于翻堆。

（2）培养料的二次发酵。蘑菇培养料堆积腐熟发酵一般分两个阶段进行，前发酵，又称一次发酵或室外发酵；后发酵，或称第二次发酵，因其通常在室内进行，又称为室内发酵。

①前发酵：采用粪草培养料的，前发酵时间较长，需 15～20 天；采用以稻草为主的合成培养料的，前发酵时间需 10～15 天；以麦秆为主的发酵时间较长。

麦草吸水力差，应浸泡 2～3 天，稻草吸水快，只浸泡 1 天即可。干粪在堆制时用水调湿润。使用的粪和草均需先预湿。

堆料时，先铺一层厚 20cm 的草料，草上铺 5～6cm 厚的粪肥，其上再铺 20cm 厚的草，再铺 5～6cm 厚的粪。这样一层草一层粪层层相间地堆积起来。第一层粪草不需浇水，以后每铺一层粪一层草后，补浇清水或人畜粪尿。下层少浇，上层多浇。料堆不要过宽，否则，操作不便，且透气性差，料温难以提高；料堆过窄，则可能使料温过高，将一些微生物杀死，对发酵不利。

堆料最好在荫棚下，免受日晒雨淋。培养料堆积后也应覆盖草帘，以利于保温保湿。但一般不宜用塑料薄膜紧贴培养料覆盖，否则，料堆通气不良，会造成厌氧状态，使堆内材料变黏，在露天堆料，下雨前需用薄膜作为临时避雨棚。

培养料堆积发酵后，需经几次翻堆。翻堆是定时将堆积的粪草抖松拌和，把位于料上面的和周围的粪草翻到下面或中间去，而把下面或中间的材料翻到上面或外围来，使堆积的培养料发酵均匀、一致。有条件的地方也可采用翻堆机翻堆。在不同部位的粪草发酵很不均匀，料堆最外层氧气虽然充足，但水分散失多，培养料分解较差；在料堆中心部位，由于缺氧，培养料不能很好地分解；在料堆底层的培养料积有较多的 CO_2，培养料呈酸性，会发黏发臭。只有外层至中心部分发酵最好。因此，通常应进行 3 次以上的翻堆。

翻堆的作用是：改善料堆各部位的发酵条件，防止料堆中央部位特别是中央底层长期处于厌氧状态；排除堆内废气，增加新鲜氧气，缩短发酵时间；调节水分；检查发酵状况；便于分次加入添加材料。

堆料后，次日堆温便开始上升，开始 40～50℃，是一些嗜温性微生物（主要是一些细菌）活动；4～5 天后温度上升到 65～75℃时，此时是一些嗜热性微生物（主要是嗜热性放线菌）活动。一般当堆温上升到最高点并开始下降时，即应进行一次翻堆。堆温由微生物分解物质时释放出来的热能维持，如果堆温开始下降，说明堆内物质的分解作用已减弱，此时，翻堆能及时补充堆内的氧气和水分，使微生物的分解作用在新的条件下继续进行，加速培养料分解和腐熟。高温能杀死粪草料中的病菌孢子和虫卵，但长时间高温，一些嗜热性放线菌也会旺盛地繁殖起来，就会耗损大量可溶性养分。每次翻堆的时间随着材料的发酵腐熟逐渐递减，通常进行第一次翻堆时间是上堆后的 6～8 天，进行第二次翻堆时间是第一次翻堆后的 5～7 天，第三次翻堆是第二次翻堆后的 4～5 天。第一次翻堆加足水分；并加尿素和石膏粉；第二次翻堆只对料干部分适当加水，不宜加水太多，此次加入硫酸铵及过磷酸钙；第三次翻堆调节水分及酸碱度。

②后发酵：国内目前后发酵方法有两种，即固定床架式后发酵和就地式后发酵，后者就是将前发酵的料就地建堆后发酵，但以前者为主，将培养料移入菇房后再一次发酵。通常前发酵以化学反应为主，要求高温快速；后发酵则是生物活动过程占优势，要求控温、控湿、通气。

后发酵过程分两个步骤进行，将经前发酵好的培养料搬入菇房床架上，关闭门窗，升温至 58～60℃，维持 6～8 小时，即巴斯德消毒，以进一步杀死料中的虫、卵和病害、杂菌。然后通风降温，在 12 小时内逐步将料温降至 48～53℃，维持 3～5 天，促使一些有益微生物生长，将培养料转化为易被蘑菇菌丝吸收和利用的物质；同时，便能刺激竞争性杂菌生长而抑制蘑菇菌丝生长的氨气挥发。因为氨气在50℃以上或40℃以下挥发速度明显减慢。控温发酵还可减缓易被细菌和真菌利用的碳水化合物的降解，而不至于降低培养料的活性。

后发酵过程中的有益微生物大体可分为嗜热细菌（最适生长温度50~60℃）、嗜热放线菌（最适生长温度50~55℃）和嗜热真菌（最适生长温度45~53℃）三类。它们在料内繁殖的顺序为：细菌—放线菌—真菌。首先是细菌大量繁殖，利用培养料中易降解的碳水化合物，产生黏滑的物质即多糖类，这是蘑菇生长所需要的重要碳源。接着放线菌繁殖，降解纤维素和半纤维素，并利用氨、胺和酰胺作为合成细胞物质的营养，同时，释放出蘑菇菌丝生长所需的生长因子如维生素等。最后是一些非分解纤维素的真菌协同放线菌进行氨的转化，有些还利用细菌作养料，合成自身物质。其中，以放线菌最具活性。通过后发酵，培养料由棕色变成深褐色，料松软，不黏稠，含水量65%~68%，含氮量1.8%~2%，C/N为18~20；pH值7~7.5，含氨量为0.04%或更少。

影响后发酵的主要因素是温度、培养料含水量、氧气等。温度是后发酵过程中的首要因子，必须设法达到所要求的温度，以培养料的温度为标准。由于后发酵需消耗和散失较多的水分，故培养料含水量应较高，为70%左右，在前发酵最后一次翻堆时调节。用蒸汽加热，培养料含水量为71%~73%，后发酵结束时其含水量为67%~71%。采用室内炭火直接加温法，后发酵时培养料含水量应为70%~72%；采用炭火及蒸汽加温法，则料含水量宜为65%~68%；采用塑料棚保温法，培养料含水量以65%为宜。

后发酵中料内的有益微生物一般好氧，室内应有空气，因此后发酵时期应适当开启门窗或敞开薄膜通风，以促进有益微生物活动，抑制厌氧细菌繁殖，制成有选择性的培养料。

后发酵的关键措施是加温和控温。将经过前发酵的培养料调节到一定温度后，搬入室内，然后通入蒸汽，进行加温和控温。我国目前许多地区在生产上进行后发酵的加温方法，炉火烧旺后将门窗紧闭密封，使温度逐渐上升。达到60℃时维持6～8小时，然后拿掉部分炉子并适当开窗，将温度降到48～53℃，保持4～6天。每天在高温时进行2～3次通风换气，每次10～15分钟。通风换气避免了二氧化碳以及其他有害气体过多，影响发酵。露天式后发酵是利用堆肥在完成前发酵后，再建后发酵堆。建堆时，在料堆底部中心建一道通气小道，料堆上面用草片覆盖，夜间、雨天再在料堆顶部加盖塑料薄膜，其内用竹片支撑，使其与料面有15～20cm的距离。在建堆的第二天，料的中心温度达到60～65℃，保持2小时，揭开覆被草片，并在料上按15cm×15cm距离，打一个直径5cm的小孔，用来掌握通气量，以便调节温度，使温度维持在5℃左右。

蘑菇培养料后发酵的优点是：提高了蘑菇产量和质量，一般可增产20%～40%，有时可增产1倍以上。生产的籽实体品质好，菇形正，肉厚，柄粗，不易开伞，一级菇比例大。采用培养料后发酵，由于高温放线菌等有益微生物的活动，可形成多种可供蘑菇菌丝直接吸收利用的维生素和氨基酸；后发酵将培养料在60℃下处理2小时，可以把料中的虫卵、幼虫等害虫杀死，使病虫来源大大减少，可不用或少用农药防治，减轻了农药污染。

3. 菇房的消毒灭菌

将适度腐熟的培养料尽快搬入菇房，先填入最上层床架，从上到下，逐床填入，填料的厚度为16～20cm。填料完毕，即关闭门窗，用甲醛或硫黄粉熏蒸消毒24小时，操作方法与空菇房消毒相同。

4. 培养料的翻料

当培养料经后发酵消毒或用农药熏蒸消毒后，要进行一次翻料，即将铺在菇床上的培养料上下翻动一次，把料抖松，并打开门窗，进行大通风一次。通风及抖松料的目的是为了将料在消毒发酵过程中产生的二氧化碳、乙醛、乙烯等各种有害气体彻底排除，使料内进入较多的新鲜空气，有利于接种后菌丝在料中迅速生长，同时翻匀后可使料层厚薄一致，保持 15 ~ 18cm 厚，这样料面平整，床面喷水时受水量也均匀，避免床面凹陷处积水。

5. 播种

（1）播种前的准备。菇房熏蒸消毒或经室内发酵后，打开门窗及排风筒，排除药液气味或热气，及时进行翻料。若培养料偏湿或料内氨气过浓时，在料面喷 2% ~ 3% 的甲醛溶液，随后密闭一夜，次日打开门窗通风后再翻料一次加以清除。播种前需先测量料温，温度超过 30℃，可再翻料一次降温，待培养料温度下降至 28℃ 以下时才可播种。

播种前要对菌种质量进行检查，选用优质菌种。优质菌种的标准是纯度高，菌丝浓密、旺盛，生命力强，粪草种的培养基呈红棕色，有浓厚的蘑菇香味，不吐黄水，无杂菌虫害。

（2）播种时间。目前，我国蘑菇栽培主要是利用自然气温进行生产，因此播种时间的选择十分重要。由于蘑菇菌丝生长阶段要求较高温度，籽实体发生要求较低温度，因此，我国各地一般都进行秋播或深秋播，长江流域各省多数在 9 月上中旬温度在 28℃ 以下时播种，10 月中下旬开始采收，12 月秋菇采收结束，至翌年 3 月气温回升，又可出菇，至 5 月春菇结束。珠江流域各省秋季气温较高，冬季不冷，一般在秋末播种，初冬开始采菇，冬春季连续出菇，没有间歇。如福建在 10 月下旬播种，11 月中下旬开始采菇，4 ~ 5 月上旬采菇结束。华北地区一般在 8 月下旬播种。

（3）播种规格。播种量因菌种培养料不同而有较大差异。每瓶（750ml 蘑菇菌种瓶）粪草菌种播 0.28～0.33m²；麦粒菌种播 1.33～1.67m²。

为了使菌种尽量全面萌发，菌丝在培养料表面应占有优势，减少杂菌污染。一般穴播采取"小株密植"方式，行株距由 l0cm 见方改为 8cm 梅花形，深度 5cm。目前新法播种采用混播加撒播方式，即先以 2/3 的菌种撒在培养料表面后，将菌种翻入料中 5cm 与培养料混合，再将剩下的 1/3 菌种撒在料面上。无论选用哪种方法播种，为防止杂菌污染，所用工具及操作人员的手都要严格消毒，菌种瓶表面及瓶口均用 0.1% 高锰酸钾溶液消毒，近瓶口一层菌种不用。

（4）播种后的管理。播种 3 天后，为使菌种与湿料接触，易于萌发，一般情况下关闭门窗，仅有背风地窗少量通风，潮湿天气可打开门窗通风。3 天以后，当菌丝已经萌发，并开始长出培养料时，菇房通风应逐渐加大。如气温在 28℃ 以上、为防止高温影响室内温度，可在中午关闭门窗，只开北面地窗，同时，注意夜间通风，雨天多开门窗通风。播种 5～7 天后，菌丝已经长入培养料；为了促进菌丝向料内生长，抑制杂菌发生，需加强通风，降低空气湿度。

播种 7 天后要进行检查，如发现杂菌及病虫害，应及时处理。如发现培养料过湿或料内有氨气，为了使菌丝长入料内，可在床架反面打洞，加强通风，散发水分和氨。

6. 覆土

蘑菇培养料经过发菌，床面有时高低不平，覆土前要把料面抹匀拍平。覆土对蘑菇的发育有重要的作用。及时覆土是夺取蘑菇高产的重要措施。

（1）覆土的选择。目前，我国蘑菇栽培上所用的覆土，根据土粒的大小，分为粗土与细土。粗土直径 2cm 左右，其质地以壤土为好，要选毛细孔多、有机质含量高、团粒结构好、持水量大、且含有一定的营养成分的土壤作覆土材料，以利于蘑菇菌丝穿透泥层生长。菇房每平方米床面约需粗土35kg。细土直径约为0.5cm，如黄豆大小，每平方米床面需细土20kg左右，其质地以稍带黏性的壤土为宜，因床面的泥层上经常喷水，稍带黏性的土粒喷水后不会松散，也不会造成床面板结的现象，如细土选用沙性土，床面喷水后泥粒变得松散，造成床面泥层板结，直接影响到土层的通气性，不利于菌丝的生长，也不利于籽实体的形成。

（2）覆土的时期与方法。适宜的覆土时期是根据料层菌丝的深度来决定的，当菌丝大部分都已伸展到床底时，便是覆土的适期。先覆粗土，隔7~10天再覆细土。根据一般高产菇房的经验，覆粗土7天左右便应及时覆细土。覆细土后10天左右，便能见到菌蕾，所以，覆粗土后约经20天便可出菇。

覆土的厚度，如采用粗土加细土的方法，则粗土覆2.5~3cm厚，细土覆1cm厚；如采用全部覆细土的方法，则覆土厚度在3.3cm左右。

覆土的具体方法是：

先覆粗土一层，铺满料面，以不见料为标准，并用中土（介乎粗土与细土之间的土粒）填满粗土的缝隙，以防止调水时水分渗入培养料内，造成料内菌丝萎缩，最后铺上一层薄细土。

（3）覆土的处理。为了防止覆土中带入病虫，一定要采用处理方法，杀灭覆土中的杂菌及虫卵。

（4）覆土层的调水。用干的粗土，覆土3天内调足粗土水分。喷水的方法采用轻喷勤喷、循环喷水的方法，不可一次喷水过多，防止水分流大料中，妨碍菌丝生长。调水的具体标准是粗土已无白心，质地疏松，手能捏扁土粒，手捏黏手，此时粗土的含水量在20%左右。

7. 出菇管理

蘑菇从播种到开始采收，一般需要 35～40 天。长江流域各省于 9 月上旬播种后，从 10 月中下旬开始采收到 12 月下旬秋菇期间一般可收 5 批（潮），第一、第二、第三批出菇集中，两批菇间隔期为 7 天左右，第四、第五批及春菇出菇不集中，产量减少。秋菇产量占总产量的 70% 左右。

出菇期间的管理工作主要有水分管理、通风换干、挑根补上及追肥等。

（1）水分管理。

①床面喷水：覆细土后 10 天左右，扒开上层细土，看到许多绿豆大小白色小菌蕾时，就要及时喷一次"重水"，称为"结菇水"，每天喷水 1 次，每次喷用 $1kg/m^2$，连续 2～3 天，总的用水量 2.5～3.2kg。喷水增加细土湿度，同时，也使粗土上半部得到水分，促使菌蕾迅速形成和长大，并使粗土层的菌丝粗壮有力。当菌蕾普遍形成并已长到黄豆大小时，需及时喷第二次"重水"，称为"出菇水"，方法与第一次"重水"相同，用量较第一次稍重，总的用水量 2.7～3.6kg/m^2。再次加大细土的湿度并使粗土得到水分，促使籽实体迅速长大出上，这样出菇多、均匀，转潮（批）快，除了喷"重水"期间外，其余时间喷水每天 1 次，气候干燥时可喷两次，每次 0.25～0.36kg/m^2。前三批菇出菇间隔期间，一般称为"落潮"，此时应减少喷水，每天喷水 1 次，每次喷 0.2kg/m^2。前三批菇生育期间气温较高，喷水时间最好在早晚进行。

喷水力求均匀，雾点要小，喷头要提高一些，并稍有倾斜，以减少对小菇的冲击。喷水后尽量多开门窗，不喷"关门水"，避免菇房闷热，使菌丝老化或者孳生杂菌。采菇前喷水，防止手捏处菌丝发红，影响质量。

②空气湿度的调节：秋菇前期温度较高，出菇多，空气相对

湿度应达到90%～95%。如气候干燥，除床面适当多喷水外，需要在走道空间、墙壁和地面喷水，以增加空气相对湿度。菇房内空气相对湿度过低，籽实体生长缓慢并容易产生鳞片和"空根白心"现象。但也不宜超过95%；否则，影响菌丝生长，并容易产生杂菌、锈斑等病害。采菇高峰过后，气温渐低，空气相对湿度可低一些，达85%～90%，空中、地面不再喷水。

春菇后期温度较高，蒸发量大，应增加菇房内相对湿度。如气候干燥，仍需在走道空间、墙壁和地面喷水，并加强通风，降低室内温度。也可采用喷水机来完成喷水。

（2）通风换气。秋菇前期菌丝生长旺盛，出菇多，放出大量的二氧化碳，需要加强通风，保持菇房内空气新鲜；但此时期气温较高，又需保持较高的空气湿度。因此，菇房主要在早晚或夜间通风。

春季气温尚低时，通风在中午气温较高时进行，以利提高菇房温度。4～5月气温上升，宜早、晚和夜间通风，以免热空气进入室内，增加菇房温度。

（3）清除老根、死菇，及时补土。每次采收以后，菌床上遗留下的老根、死菇，要及时清除干净，因老根已失去吸收养分和出菇的能力，且占据位置，使下面的菌丝生长受到影响，有碍出菇。如果时间长腐烂后，容易引起病虫危害。同时，要把采菇时带走的泥土用较湿润的细土重新补平，保持原来的厚度。

8. 采收

当蘑菇长到符合标准大小时，应及时采收。如果采收过晚，影响质量，同时，会影响下面小菇的生长。蘑菇旺盛期，应该采取菇多采小、温高采小、质差采小的方法，才能保证蘑菇质量。作鲜销的蘑菇，可以采得稍大些，但也不能开伞，否则，降低其商品价值。旺产期一般每天采收两次，以保证质量。采菇前不能喷水，否则，采时手捏菇盖造成发红。

采收方法不当也会影响蘑菇的产量和质量。菇密时，采菇要用拇指、食指、中指捏住菇盖，轻轻旋转采下，以免带动周围的小菇。多个菇丛生在一起的球菇，采收时要用刀小心地切下大菇留小菇，不能整个搬动，否则其他小菇都会死掉。秋菇采收第二批后，床面菇稀时，采菇可以直接将菇拔起，这样能同时带出一部分老根。采菇时经常用湿手巾将手指上的泥土擦掉，采下的蘑菇应整齐地放入篮中，以免损伤。

蘑菇采收后，随即用小刀把菇柄下端带有泥土的部分削去，加工蘑菇菇柄长短，按收购标准要求切削。在削菇时，动作要轻、避免机械损伤，刀要锋利，这样菇柄平整，质量好。削菇后进行分级，将不同等级的蘑菇分别放置于垫有纱布、棉垫或薄膜的筛或篮中，上面盖上纱布，及时送到收购站交售。

（二）箱式栽培

箱栽培适合于机械化的三区制（一间发菌室配两间出菇室）周年栽培。培养料的配方、堆制发酵工艺均与床架式栽培法相同。栽培箱的规格要根据机械化的程度、菇房大小及便于操作进行设计，常用的有 40cm×60cm×20cm 和 50cm×80cm×20cm 两种规格。栽培箱可用木、铝合金或硬质塑料等制作，为便于贮藏、运输和消毒灭菌，一般都制成统一规格的活动箱。

把发酵并经处理的培养料装入栽培箱，料厚 15cm，播上蘑菇菌种，移入发菌培养室。培养 15～17 天后，覆上消毒处理过的土粒，调水后再培养 15～17 天，此时，蘑菇菌丝已基本发满培养料，移进出菇室。出菇室温度控制在（14±2）℃，空气相对湿度 90%～95%。5～8 天后蘑菇菌丝开始扭结出菇，采收约 60 天结束。采收结束后将箱子移到室外，倒掉废料，消毒菇室，再从发菌室移进一批已经培养好菌丝的栽培箱，降温使其出菇，周而复始地连续生产。这种箱式栽培的三区制菇房，还需要装空调等制冷设备，一般每年可种 5 期蘑菇。

（三）畦式栽培

畦式栽培一般多利用冬闲田进行。在干稻田中，整地作畦，畦宽 1.5m，高 15～20cm，长则根据地形而定，在畦面上撒一层生石灰粉进行消毒。把堆制发酵成熟的培养料铺放于畦上，料厚约 10cm，整平后稍压实即可播蘑菇菌种。播种后用竹木材料做成框架，罩在菇畦上，覆盖黑色或深蓝色塑料薄膜。为了保湿和遮光，薄膜上再覆盖一层用稻草、茅草、蔗叶编织成的草帘。

在栽培管理过程中，要定期掀开部分薄膜进行通风换气，并根据天气情况而定，可选在中午或下午，清晨或夜间。换气时间的长短应根据菌丝的生长量或畦上蘑菇籽实体的多少以及当天的天气情况灵活掌握。

六、双孢蘑菇"绿霉"综合防治

（一）症状及原因

该病一般在播种后 1～2 周内发生，发生该病后菇房内有一股浓浓的霉味，初始在培养料表面和料内形成白色菌丝，气生菌丝直竖于料面上，长达 5cm 左右。尔后，料内橄榄绿霉菌丝转变为橄榄绿色或褐色大小如油菜籽般子囊果，着生在培养料上。子囊果绵软而无硬度，表面凹凸不平，其症状区别于鱼子菌。该病发生处的培养料发黑、发黏且有很重的霉臭味，发病部位料内的蘑菇菌丝生长受到严重的抑制。通常发生该病的菇房还伴有较多的鬼伞和褐色石膏霉的发生。原因分析：培养料的配方不合理；发酵工艺不科学；播种季节安排不当。

（二）综防措施

橄榄绿霉的病原菌主要来自于蘑菇的培养料，料的余氨含量高、湿度高、通透性差和环境温度偏高都是诱导该病发生的主要因子。该病一旦发生后，就目前而言还没有很好的药物来防治。因此，必须围绕蘑菇培养料的整个制备过程，制定该病的综合防治策略。

（1）选用新鲜无霉变的材料作培养料，合理的配制培养料的碳/氮比，减少化学肥料的投入量，增加生物有机复合肥的用量。

（2）根据当地气候条件科学合理安排播期和培养料堆制期，起堆前要让培养料吸足水分。

（3）改进发酵工艺。提高前发酵的建堆、播堆质量；后发酵巴氏灭菌温度尽可能地控制在 58 ~ 62℃，尽量不要超过 65℃，时间也不能太长，以 8 ~ 10 小时为宜；后发酵培养阶段温度不可大起大落，温度应控制在 46 ~ 48℃，时间应足够，并注重通风供氧，使游离氨转化为菌体蛋白。

（4）发酵结束后若培养料含水量偏高、氨味重，则可视情况采用以下方式处理。一是封棚进行重新培养，直到合格为止；二是加大通风和翻格的力度，让水分和氨味散去，在料偏干时还可利用甲醛、过磷酸钙等固氨。

（5）当绿霉发生以后，应视病害严重程度来处理。若少量零星发生则人工扒除即可；若整床以上大面积发生，则应将病床料发出重新进行一次巴氏灭菌。

第五章　鸡腿菇栽培技术

一、概述

鸡腿菇又名毛头鬼伞，属真菌门、担子菌亚门、层菌纲、伞菌目、鬼伞科、鬼伞属。鸡腿菇肉质细嫩、鲜美可口。它还有药用价值，中医认为其味甘滑性平，有益脾胃，清心安神，经常食用有助消化，增加食欲和治疗痔疮的作用。鸡腿菇能利用其他食用菌的废料栽培，且易栽培、产量高。近年来，在国内得到了较大面积的推广，美国、荷兰、法国、德国、意大利、日本等国也相继栽培成功，鲜菇、干菇、盐水菇、罐头菇均深受欢迎。

二、鸡腿菇生物特性

鸡腿菇是一种适应能力极强的土生菌、草腐菌、粪生菌。

1. 营养

鸡腿菇能够利用相当广的碳源、木糖、葡萄糖、半乳糖、麦芽糖、棉籽糖、甘露糖、淀粉、纤维素、石蜡都能利用，因此，秸秆（稻、麦、玉米），棉籽壳、木屑以及食用菌栽培废料中的碳源，都可被鸡腿菇利用。蛋白胨和酵母粉（自溶物）是鸡腿菇最好的氮源；鸡腿菇能利用各种铵盐和硝态氮，但无机氮和尿素都不是最适的氮源，因此，麦粉、玉米粉、畜类都可作为栽培鸡腿菇氮的来源，在堆制培养料时，添加适量的尿素、硫氨等无机氮，可加快培养料发酵和增加氮源。

2. 温度

鸡腿菇菌丝生长的温度范围在 3 ~ 35℃，最适生长温度在 22 ~ 28℃。鸡腿菇菌丝的抗寒能力相当强，冬季零下 30℃时，土中的鸡腿菇菌丝依然可以存活。温度低菌丝生长缓慢，呈稀、细、绒毛状。温度高菌丝生长快，绒毛状气生菌丝发达，基内菌丝变稀，35℃以上菌丝发生自溶现象，鸡腿菇籽实体生长温度范围在 8 ~ 30℃，最适生长温度在 12 ~ 18℃。温度低，籽实体生长慢，个头大结实，形状像鸡腿，品质优良，贮存期长。温度高生长快，菌柄伸长，菌盖变小变薄，品质降低，极易开伞自溶。

3. 湿度

鸡腿菇培养料含水量以 60% ~ 70% 为宜。发菌期间空气相对湿度 80% 左右。籽实体发生时，空气相对湿度 85% ~ 90%，低于 60% 菌盖表面鳞片反卷，湿度 90% 以上，菌盖易得斑点病。

4. 光线

鸡腿菇菌丝的生长不需要光线，菇蕾分化籽实体发育长大需要 500 ~ 1 000lx 的光照。

5. 空气

鸡腿菇菌丝生长和籽实体的生长发育，都需要新鲜空气。

6. 酸碱度

鸡腿菇菌丝能在 pH 值 2 ~ 10 的培养基中生长，以 pH 值 7 为最适。

7. 其他

鸡腿菇子实形成，需要覆土及微生物代谢产物等刺激。

三、鸡腿菇栽培季节

一般地区秋季和春季均可栽培，秋季栽培，一般需 6 ~ 8 月制种，9 月下旬至 11 月下旬出菇。春季栽培，一般在 11 月至翌年 2 月制种（需适当加温发菌），4~6 月出菇。

四、鸡腿菇制种配方（二级和三级种）

（1）棉籽壳（发酵）90%，玉米粉 8%，尿素 0.5%，石灰 1.5%。

（2）棉籽壳（发酵）79%，牛粪河泥粉 20%，石灰 1%。

（3）棉籽壳（发酵）88%，麦皮 11%，石灰 1%。

（4）麦粒 96%，碳酸钙 4%。

（5）谷粒 96%，碳酸钙 4%。

五、鸡腿菇栽培技术

1. 熟料袋栽

将培养好的栽培种，分别脱袋横放于地上，袋与袋间隔 10cm 左右，菌袋之间的间隙，用食用菌栽培后的废料填塞然后上覆 3~4cm 厚的土层。

2. 熟料袋栽的菌种配方

棉籽壳（发酵）90%，玉米粉 8%，尿素 0.5%，石灰 1.5%；棉籽壳（发酵）88%，麦皮 11%，石灰 1%；食用菌废料 45%，棉籽壳（发酵）45%，玉米粉 9%，石灰 1%。以上菌种可用 17cm×33cm 的塑料袋制作，其他生产工艺如常规。

3. 生料袋栽

培养料经堆制发酵，然后装袋（17cm×33cm）接种，菌丝满袋后埋土出菇，菌种埋土时，菌种袋与袋之间的间隙用泥土填塞，再在袋面上覆 3cm 厚左右土。

4. 生料袋栽的菌种配方

①平菇废料 45%，棉籽壳 38%，麦皮 15%，尿素 0.5%，

石灰 1.5%；

②平菇废料 50%，棉籽壳 38%，玉米粉 10%，尿素 0.5%，石灰 1.5%；

③棉籽壳 90%，玉米粉 8%，尿素 0.5%，石灰 1.5%。

5. 培养料处理

以上①～③配方的培养料充分预湿后堆制发酵，料堆温度达到 60℃后维持 12～24 小时，然后翻堆，共翻 3 次堆。要求料有酱香味，发酵后培养料含水量在 55%～60%，料温在 28℃以下，用 17cm×33cm 薄膜塑料袋，底部先放一层菌种，装料至一半时放第二层菌种，装满后再放第三层菌种，用种量为培养料干重的 10%。袋口用绳扎成活结，然后用针在菌种层各扎 10～20 个微孔，菌种竖放于地上。

6. 堆料床栽

将配制好的培养料堆制发酵（方法如同制备蘑菇培养料），然后平铺于地或床面，培养料厚度在 15～20cm，鸡腿菇菌种撒播在料面上，播种 15～20 天菌丝可长满培养料，此时可覆土，覆土厚度为 3～4cm，出菇管理如同蘑菇。

7. 堆料床栽的培养料配方

稻草 1 750kg，鸡粪 500kg（牛粪 1 000kg），尿素 15kg，硫酸钙 15kg，过磷酸钙 40kg，石膏 75kg，菜饼 125kg，石灰 50kg。

8. 采收

鸡腿菇籽实体成熟的速度快，必须在菇蕾期，菌环尚未松动，钟形菌盖上出现反卷毛状鲜片时采收。当菌环松动或脱离菌柄时采收，则菌褶会自溶流出黑褐色的孢子液而完全失去商品价值。

六、鸡腿菇销售和加工

采收后的鸡腿菇要及时销售或冷藏，送超市的鸡腿菇可用小竹片将鸡腿菇菌盖的鲜片括掉，这样色泽洁白，外观好看。然后用透气保鲜膜包装，置于 4～6℃贮存。

鸡腿菇也可脱水烘干，将新鲜鸡腿菇切成薄片，再用电热鼓风干燥。干片菇分装于塑料袋中。

鸡腿菇还可以加工成盐渍鸡腿菇或鸡腿菇罐头。

第六章　杏鲍菇栽培技术

一、概述

杏鲍菇又名刺芹侧耳，日本称雪茸，在真菌分类上属无隔担子菌纲、伞菌目、侧耳科、侧耳属。

杏鲍菇是欧洲南部、非洲北部及中亚地区高山、草原、沙漠地带的一种品质优良的大型肉质菌。杏鲍菇营养十分丰富，干品的蛋白质含量高达25%，含18种氨基酸，并富含多糖和低聚糖。杏鲍菇肉质肥厚，质地脆嫩，特别是菌柄色泽雪白、粗长，组织致密、结实，是味道极好的菇类之一。1998年，我国从日本引进研究栽培和示范推广，国内杏鲍菇已从季节性栽培向工厂化栽培转变。目前中国、日本、韩国、泰国和我国台湾等国家和地区，都已开始进入商业化生产。

二、杏鲍菇生活习性及栽培品种

杏鲍菇生长发育的条件为：温度范围22～28℃（菌丝体），15～18℃（籽实体）；水分和湿度：培养料含水量为60%～63%，菌丝体生长期的空气相对湿度低于70%，籽实体形成阶段的空气相对湿度为90%～95%；培养的pH值：最适宜的pH值为6.5～7.5；光照：籽实体分化和生长需要500～1 000lx的散射光。

杏鲍菇的栽培品种较多，例如，中国台湾6号、福建1号、河南 3 号、北京 4 号、日本 5 号和山东 8 号等。各个地区应根据当地的自然气候条件，选择适合当地的杏鲍菇栽培品种。

三、杏鲍菇栽培技术

杏鲍菇的栽培流程主要包括以下五个方面的内容，以下介绍栽培的主要步骤：菌种制备→制袋培菌→出菇管理→出菇→转茬管理。

1. 菌种的获得和选择标准

杏鲍菇菌种的选择标准是：生长力强，菌丝均匀一致，适应当地气候条件、生产力强。

2. 培养料的选择、配方与处理

棉籽壳、阔叶树锯末、甘蔗渣和麦秸等多种农副产品下脚料均可用来栽培杏鲍菇，其中，用棉籽壳栽培的产量最高，朵形也最大。培养料最适宜的 pH 值为 6.5 ~ 7.5，料水比为（1：1.2）~（1：1.3）。

常用的配方主要有以下几种：

配方一：棉籽壳 65%，木屑 18%，麸皮 15%，碳酸钙 2%。

配方二：棉籽壳 40%，木屑 38%，麸皮 20%，碳酸钙 2%。

配方三：棉籽壳 37%，木屑 37%，麸皮 24%，白糖 1%，碳酸钙 1%。

配方四：豆秸粉 30%，棉籽壳 22%，木屑 22%，麸皮 19%，玉米粉 5%，白糖 1%，碳酸钙 1%。

3. 栽培方式与出菇管理

杏鲍菇栽培的方式主要有：塑料袋栽培、埋土畦床栽培和半地埋栽培等方式。下面以袋式栽培为例，介绍杏鲍菇的栽培与管理。

（1）制袋培菌。技术要点：一是袋子选择：选用直径 17 ~

20cm，长 33～35cm 的低压高密度聚乙烯塑料袋装袋；二是灭菌操作：采用常规灭菌、接种和菌丝培养；三是培养条件：菌丝生长阶段，要求温度 20～25℃，培养时间 50 天左右，遮光培养。

（2）出菇管理。为了培养出质量较好的杏鲍菇，培养期间需控制好温度条件、湿度条件和通风条件。温度条件：10～15℃（原基形成阶段）→15～18℃（籽实体生长阶段），如果温度高于 18℃，籽实体生长加快，品质下降，气温超过 22℃，很少出现原基。

湿度条件：栽培期间，尽量将水喷洒到空间和地面上，使空气相对湿度保持在 90%～95%。通风条件：栽培期间，要经常进行通风，保持菇房内空气新鲜，利于籽实体的正常生长。

（3）采收。采收时间可根据其商品性要求适当掌握，从现出菇蕾到采收，一般为 15 天左右，此时菇盖即将平展，孢子尚未弹射，采收最适合。

4. 间歇期管理

采完第一潮菇后，停水 4～5 天，同时，加强通风工作，待菌丝修复后进入正常的管理程序。经过大约 14 天，第二潮菇出现。但是第二潮菇的产量和质量相对于第一潮菇差一点。

此外，第一潮菇采收后，也可脱去塑料袋进行覆土栽培，这样可以显著提高二潮菇的产量。

四、杏鲍菇病虫害及杂菌的综合防治

食用菌在栽培生长期间，特别是在籽实体生长时期，常常会遭到病虫害和一些杂菌的侵害，杏鲍菇在生产中为害较重的病虫害如下。

1. 病害

杏鲍菇常见的病害有黄腐病和枯萎病等。

（1）黄腐病发病时症状。黄色的褐斑蔓延到整个菇体，最后引起变黄、腐烂，此病主要是由细菌类假单胞杆菌引起。

①发病原因：此病往往在温度较高（20℃以上）、湿度较大、通风不良时发生，主要通过水来传染。

②防治措施：在杏鲍菇生长期间，要加强通风换气管理，避免出现高温、高湿环境。每次喷水后，结合进行通风换气管理，降低菇体表面水分，可防止细菌性病害。出现病害后，及时摘除病菇，加强通风换气管理，防止传染其他菇体。

（2）枯萎病发病时症状。杏鲍菇幼菇生长停止，萎缩死亡，最后变黄、腐烂。

①发病原因：主要是高温（22℃以上）引起幼菇死亡，最后出现细菌感染，变黄并腐烂。

②防治措施：在杏鲍菇栽培期间，一旦出现高温，应立即采取降温措施。幼菇枯萎死亡后，及时摘除，防止细菌繁殖，菇体腐烂，引诱害虫取食繁殖，出现虫害。

2. 虫害

杏鲍菇栽培过程中，常见的害虫主要有螨虫、线虫和菇蚊等。

螨虫俗称菌虱，形体微小，喜群居，颜色有白色，粉色，它们是食用菌的主要害虫。螨虫行动缓慢，多在培养料或菇类菌褶上产卵。菇床上发生菌螨后，菌袋菌丝先被虫咬，造成接种后不见菌丝萌发，咬断菌丝，致使菇蕾萎缩死亡，菌螨附在籽实体上上下咬食，造成被咬部位变色，严重时出现孔洞，引起腐烂变质。

线虫是一种低等动物，种类极多，分布很广。为害食用菌的线虫，多数是腐生线虫，少数半寄生，只有极少数是寄生性的病原线虫，线虫既为害菌丝体，也为害籽实体。

菇蚊有多种，幼虫常出没于潮湿的地方，喜食培养料及正在生长的菇类籽实体。菇蚊对食用菌栽培为害大，还会因菇蚊的侵害造成食用菌的其他病变。

出现虫害后，严重影响杏鲍菇的产量和质量，所以，要加强防治。首先，培养料灭菌要彻底，杀死虫卵；其次，菇房内外要经常清理消毒，保持环境清洁卫生；再次，菇房经常通风换气，保持菇房内空气清新。

第七章　草菇栽培技术

一、概述

　　草菇是我国南方普遍栽培的食用菌，据张树庭教授考证，它最早栽培于我国，后由华侨传至马来西亚、菲律宾、泰国等国。近年来，西方国家如美国、比利时也有人对这种菇发生了兴趣，在非洲的马达加斯加也有人种植。目前，草菇的总产量占世界上人工栽培菇类的第三位。

　　草菇质嫩味美。若制成干菇香味更浓。加之草菇属于高温型菌类，适宜于一般菇类不能生长的炎热夏季，而成为食用菌夏季生产及供应市场的一种珍品，栽培草菇主要是用稻草、棉籽壳、废棉等。材料来源丰富。栽培后的废料仍可作有机肥料。草菇从种到收只要半个月，室内室外都可栽培。在整个人工菇类栽培技术中草菇要算简单的。因此，发展草菇生产成本低、收益快、易推广。

　　草菇在植物学上的分类属真菌门，担子菌亚门，无隔担子菌纲、伞菌目、鹅膏菌科。别名：苞脚菇、蓝花菇、麻菌等。

二、草菇的形态结构

草菇分菌丝体和籽实体两部分。

1. 菌丝体

菌丝体在基质中吸收营养，按其发育形态分为初生菌丝和次生菌丝。

（1）初生菌丝。初生菌丝是由担孢子萌发而成，有横膈膜，细胞多为单核。

（2）次生菌丝。次生菌丝由初生菌丝相互融合而成，每个细胞含有两个核，其形态和初生菌丝相似，但比初生菌丝长势旺盛。菌丝浅白色，半透明，气生菌丝旺盛。多数次生菌丝能形成厚垣孢子。

（3）厚垣孢子。厚垣孢子是部分菌丝的细胞膨大形成的。特征是细胞壁厚，红褐色，对干旱、寒冷有较强抵抗能力的无性孢子。条件适宜，可萌发形成菌丝。

2. 籽实体

籽实体由菌盖、菌柄、菌褶和菌托四部分组成。

（1）菌盖。菌盖是籽实体的最上部分，直径 5～19cm，钟状子展呈鼠灰色至白色，边缘整齐，中央稍突起色深，边缘色渐浅，表面具有暗灰色纤毛形成辐射状条纹。

（2）菌褶。菌褶着生在菌盖下面，是担孢子产生的场所，长短不齐，与菌柄离生。菌褶两侧面着生棒状担子，每个担子着生四个担孢子。担孢子椭圆形或卵圆形表面光滑，幼期为白色，成熟后为浅红色或红褐色。

（3）菌柄。菌柄支撑着菌盖，圆柱形，上细下粗，长 6～18cm，直径 0.8～1.5cm，白色，幼时中心实，随菌龄增长，逐渐变中空，质地粗硬纤维化。

（4）菌托。菌托是籽实体外包被的残留物，幼期起着保护菌盖和菌柄的作用，随菌盖的生长和菌柄的伸长而被顶破，残留在菌柄基部，像一个杯状物托着籽实体。上部灰黑色，向下颜色渐浅，接近白色。

三、草菇的生活史

草菇的生活史与其他生物一样，各有特殊和生长发育形式。现从草菇的担孢子萌发和子实发育两方面进行叙述。

1. 菌丝体的形成

担孢子在适宜的环境条件下，水和营养物质通过脐点处冒出芽孢囊膨大，逐渐发展成芽管。芽管尖端继续生长，达 28 ~ 267μm 即进行分枝。随着芽管的生长，担孢子的内含物移入芽管，孢子内的单倍体核也随之进入芽管。核进入芽管后开始有丝分裂，使仍未分隔的芽管中核的数量大量增加，从 2 ~ 24 个不等。芽管继续生长，进行分枝和形成隔膜。菌丝体由于形成了隔膜，成为多细胞菌丝，芽管里的单倍体核平均分配到每个细胞中，使每个细胞含有一个单倍体核，这样，芽管经过生长、分枝发展成初生菌丝体。

初生菌丝体通过同宗配合发育成次生菌丝体。在养分充足和其他生长条件适宜时，菌丝体可以无限地生长。无论是少数初生菌丝体，还是全部次生菌丝体，生长到一定时间后，都会形成厚垣孢子，厚垣孢子呈圆球状，平均直径 5.88μm，细胞壁很厚，多核性，无胞脐构造。圆球形的红褐色厚孢子，是识别草菇的生物学特性的重要标志。它们在成熟后常与菌丝体分离，在温度和其他条件适宜时 1 ~ 2 天即可萌发。由于厚垣孢子的细胞壁厚薄不一，故萌发时会从孢子中冒出一个或多个芽管，厚垣孢子萌发后形成的芽管生长发育成次生菌丝体，并能长出正常的籽实体。草菇的次生菌丝体生长发育，互相扭结，最后产生籽实体。

2. 籽实体的发育

在适宜的环境条件下，播种后 5 ~ 14 天次生菌丝体即可发育成幼小的籽实体。草菇籽实体的发育可以分为 6 个阶段。

（1）针头阶段。次生菌丝体扭结成针头大小的菇结，所以这一阶段称针头阶段。这时外层只有相当厚的白色籽实体包被外，没有菌盖和菌柄的分化。

（2）小纽扣阶段。针头继续发育成一个圆形小纽扣大小的幼菇，其顶部深灰色，其余为白色叫小纽扣阶段。这时组织有了很明显的分化，除去最外层的包被可见到中央深灰色，边缘白色的小菌盖，纵向切开，可见到在较厚的菌盖下面有一条很细很窄的带状菌褶。

（3）纽扣阶段。这时菌盖等整个组织结构虽然仍被封闭在包被里面，如果剥去包被，在显微镜下可以看到菌褶上已出现了囊状体。

（4）卵状阶段。在纽扣阶段后 24 小时之内，即发育卵状阶段。这时菌盖露出包被，菌柄仍藏在包被里。这阶段在菌褶上的担孢子还未形成，外形像鸡蛋，顶部深灰色，其余部分为浅灰色。

（5）伸长阶段。卵状阶段后几个小时即进入伸长阶段。这阶段是菌柄顶着菌盖向上伸长，籽实体中菌丝的末端细胞逐渐膨大成棒状，两个单倍体核发生融合形成一个较大的二倍体核。当细胞膨大时，在担子基部二倍体核进行减数分裂，形成 4 个单倍体核。与此同时，担子末端产生 4 个小梗，小梗的端点逐渐膨大，形成原始担孢子，而后 4 个单倍体核同细胞质一起向上迁移，通过小梗通道被挤压入膨大部分。最后，在膨大部分的基部形成横壁，成为 4 个担孢子。小梗下面留下了一个空担子。

（6）成熟阶段。菌盖已张开，菌褶由白色变成肉红色，这是成熟担子的颜色。菌盖表面银灰色，开有一丝丝深灰色条纹。菌柄白色，含有单倍体核的担孢子，约 1 天后即行脱落。在环境条件适宜时，担孢子又进入了一个新的循环。

四、草菇的生活条件

草菇生长发育对外界环境条件要求如下。

1. 营养

在栽培中，作为碳素营养源多是各种天然纤维素材料，如稻草、米糠、麦秆、甘蔗渣、废棉等。总之，含纤维素的材料原则上均可以作草菇的培养料。草菇菌丝体是通过渗透作用，从培养料中吸入分子量较小的单糖，再转化为菌丝体的组成分或转换为能量。对结构复杂的纤维素是通过菌丝体所分泌的一系列酶，将复杂的材料逐步分解成简单的结构，再吸入菌丝体内。为了诱导纤维素酶的产生，加速纤维素的分解，可在培养料内加些米糠、麸皮之类。

碳、氮养分对食用菌正常发育不仅需有充足的数量，而且要求其比例合理，通称碳氮（C∶N）比。各种菇的这种比例，菌丝体生长阶段以 20∶1，籽实体发育阶段以（30~40）∶1 为宜。生产中因培养料种类不同，有时加麦麸、玉米粉、豆饼粉，加硝酸铵、尿素等，调节其碳氮比。不论什么菇千篇一律，甚至不照原配方用料，任意变动，缺这少那，这都难以取得高产优质。

除了碳和氮以外，无机盐，如钾、镁、硫、磷、钙等也是草菇生长发育所必需的。但对它们需要在一些天然的纤维材料中，已有足够的含量，一般不必再添加。

2. 温度

草菇生长发育的温度范围是 15~45℃。不同生育期的最适温度有所不同，在 30℃时孢子的萌发率不超过 20%，35℃以上孢子萌发率才急剧上升，40℃时萌发率达到最高，超过 40℃就急剧下降。菌丝生长最适宜温度在 32~35℃。若温度超过 45℃或低于 15℃，则菌丝停止生长甚至死亡。但不同品系在同一温

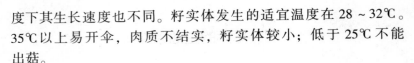

度下其生长速度也不同。籽实体发生的适宜温度在 28～32℃。
35℃以上易开伞，肉质不结实，籽实体较小；低于 25℃ 不能
出菇。

3. 水分

水分是草菇生命活动的先决条件。含水量过低，会使料温升
高，菌丝生长慢，发育不良，影响菌丝的正常呼吸，容易使料腐
败，导致病虫害滋生。实践证明，草菇正常生长发育要求，其空
气相对湿度在 80%～95%，培养料最适含水量为 75% 左右。

4. 空气

草菇是好气性真菌，在进行呼吸时需要充足的氧气。因此，
草菇水分含量不能太高，草堆不宜过厚、若用薄膜作临时草堆被
应注意摆上环龙状支撑架以利通气，保证一定的新鲜空气。

5. 光线

草菇在自然状态下颇喜半阴性散射光。据报道，最适宜的光
照强度为 50 烛光。光照除了对实体之形成有影响外，对籽实体
的肉质也有直接的影响。当光线适量时籽实体的组织紧密，而光
线不足时则显得松软。

6. 酸碱度

草菇培养料要求中性偏碱。最适宜 pH 值为 7.5 左右。大于
8 或低于 6，草菇孢子基本不萌发，也不利于菌丝生长。

以上几方面，对草菇的正常发育都有直接的影响。它们既是
互相有联系，又是互相制约的统一体。栽培中绝不能只注意一个
方面而忽视其他因素，要使各个因子都能满足草菇生长发育的要
求，才能够使草菇生产获得理想的结果。

五、草菇栽培技术

草菇的栽培技术比其他食用菌相对简单些，看起来可以一学

就会，但要获得草菇的高产稳产，必须有一套科学的管理技术。现将目前常用的室内、外栽培方法介绍如下：

（一）室外栽培

室外栽培是我国南方沿用的传统方法，用稻草做原料，投资少，栽培简单，但受气候影响大。栽培季节应利用高温的夏季，选通风向阳、供水方便、排水容易的地方。土质要求疏松肥沃的沙质土，在种菇前一周翻地并进行药剂灭虫。其栽培管理程序如下。

栽培流程：材料准备→培养料配制→接种→菌丝体培养→出耳→采收。

配料配方：稻草 77kg　麸皮或米糠 20kg　蔗糖 1kg　过磷酸钙 1kg　硫酸镁 0.5kg　磷酸二氢钾 0.5kg　水 110kg

1. 作畦

将翻松了的土弄碎，做成宽 1m，高 20cm，长不限的畦，四周挖排水沟。如土质偏黏可掺沙或煤灰。作好畦后用生石灰粉和杀虫剂作畦面消毒。

2. 浸草

选新、干、无霉变的稻草浸入清水中，边浸边踩，使稻草吸足水分并软化。

3. 堆草

堆草的方式有多种，现介绍几种最常用的方法。

（1）草把式。离畦面边沿 6.6cm 开始撒种，播幅 16.5cm，中间不播，以免高温烧死菌丝，将浸好的稻草扭成草把，齐畦面边沿整整齐齐的将草把横卧于畦面上，头向外一把紧靠一把，使草堆紧实。中间虚空处用乱草填平，再撒第二层菌种。第二层菌种往畦中心退 6.6cm，离畦面边沿的垂直距离 13.2cm，播幅仍是 16.5cm。上第二层草把，第二层草把要掉头。也退 6.6cm，尾向外、头向内，中间仍用乱草填平。再撒第三层菌种，再退6.6cm，再铺草，草把再调头，直到堆高达50cm为止。

（2）草砖式。做一个长40cm，宽33cm，高20cm的模，将湿稻草踩入模中即成草砖，然后在畦面上按草把式的播种法播种，再把草砖放上畦，仍用乱草填空，再撒菌种放菌砖，也要每层向内退6.6cm。共放三层砖、下四层种。

（3）木模式。用木板制成下宽上窄深20cm的大小2个一套活动木模，畦面撒种后用大木模套上，装草踩实撒种，再用小木模装上草踩实撒种，去掉活动木模。

4. 覆盖

不管哪种堆草方式、堆好后都要覆盖。最常用是盖草，其次是薄膜。这次称临时草被，以后要揭掉的。用薄膜覆盖的要搭上环龙状支撑架以利通气。

5. 管理

堆草后由于稻草本身发酵产生热量，第二天温度便上升，4～5天后中心温度可达55～60℃或更高，菇床表面温度也有30～40℃。这样的温度范围最适合草菇菌丝体发育蔓延。以后堆温便下降，在降至32～42℃时便产生草菇。如果草堆温度上升慢，达不到50℃以上，便要找出原因采取措施。如堆中水分不足或草堆不够紧实，就要进行踩踏浇水。如水分不足，则只踩不浇水。已出菇就不宜再踩了。

堆草后5～7天拆除临时草被，检查和调整好水分后盖3～5cm厚的固定草被。以后晴天中午要淋水一次，以淋湿草被为度，促进菌丝体生长及出菇。出菇期间，晴天早晚各淋一次水，淋水量不宜过多，但要保持草被有适当的湿度。淋水的水温不可过太低。

（二）室内栽培

室内栽培草菇的菇房、可以专门设计建造，也可以因地制宜用育秧室，温室，蔬菜塑料大棚，烤烟棚和空房屋等。栽培时可以在地面建造菇床，堆草栽培，也可以用床架分层培植。

1. 地面堆草法

室内栽培也要作畦，如菇房是水泥地面，最好先铺一层肥沃的沙土，以利于地面出菇，由于室内温度、湿度比室外易于人为调节、较为恒定，故草堆不宜过高，只要 3～4 层草把。甚至 2～3 层也行，无须盖草被，为了维持适当的温度，在堆草播种后的头几天可覆盖薄膜，以减少水分蒸发。出菇前将薄膜去掉，视情况每天喷 1～2 次水，如堆草时加入含氮肥料，定要注意通风，以防氨的积累影响草菇生长发育，出菇后应经常通风换气。

2. 床架栽培法

床架一般长 2～3m，宽 1.2m，每层距离 70cm。这里介绍几种不同培养料的床栽法。

（1）稻草栽培法。将稻草切成 16.5～20cm，在水中浸泡后，每 50kg 稻草加干牛粪 2.5kg（或麦皮，米糠同量），茶饼粉 0.5kg，石灰 1.5kg，拌匀后放室外堆成 1m 高堆，用薄膜覆盖，3 天后翻堆补水，堆积发酵 4～7 天后入室栽培。培养料上床前先铺一层 1.5～3cm 土壤。土壤上床前需经发酵处理；用肥土加 1% 的石灰和 1% 的茶饼粉，拌匀后加水调至含水量 60% 左右，再用塑料薄膜覆盖发酵 3～5 天。土壤铺好后铺上 1.5cm 厚的培养料，然后加温到 60℃维持 12 小时。当室温至 35℃左右时，将培养料压实，均匀播撒菌种，用种量为每 50kg 3～5 瓶（750ml 装）栽培种。播后再覆盖 1.5～3cm 培养料，并压实。播种后 5～6 天再在表面均匀地撒 1cm 左右厚的发酵床土。以后按常规管理，此法栽培，每 50kg 草可以收鲜草菇 7.5～10kg，高的可收 15kg。

稻草在室内的床架也可用草把式栽培法，只是堆草厚度比地面堆草法要薄，一般 2 ~ 3 层，播种 5 ~ 6 天后也要覆盖床土。管理方法按常规。

（2）废棉栽培法。将纺织厂下脚废棉放入木桶内，加入 5% 的碳酸钙和 5% 的米糠，拌匀浇水，用脚踩踏，使其均匀吸水至 70% 含水率，取出废棉稍微撕松，堆放在床架上，厚约 20cm。然后向室内通入蒸气，使室温达 60℃ 维持 4 ~ 6 小时，以杀灭害虫和细菌，促进培养料发酵。当培养料温度降到 30℃ 时播种。播种深 5cm，行距 15cm，播种量为培养料干重的 2.5% ~ 3%，播种后每天用喷雾器喷 1 ~ 2 次水，以提高空气相对湿度，避免床表面干燥。一周后料周围便长出针头状籽实体，10 ~ 14 天就能采收。采收期 2 ~ 3 星期。管理得当生物学效率可达 20% ~ 25%。若用稻草加工废棉种植草菇，产量可成倍增加。

（3）甘蔗渣栽培法。用纯甘蔗渣产量较低，若加进 5% ~ 30% 麸皮，草菇产量增加幅度很大，但培养料中加入麸皮后易感染真菌，所以栽培时应注意。另外，甘蔗渣也可以与稻草混栽以改善透气性。甘蔗渣栽培法铺料播种管理与其他床架栽培管理基本相同。

第八章　金针菇栽培技术

一、概述

金针菇又名冬菇、朴菇、构菌、毛柄金线菌等。它属于伞菌目：蘑口科、金线菌属。金针菇菌柄脆嫩，菌盖黏滑，营养丰富，美味可口，其产量占世界食用菌总产量的4%，仅次于蘑菇、香菇和草菇，列为第四大食用菌。金针菇是一种木腐菌，能利用木屑、棉籽壳、玉米芯、甘蔗渣、稻草、麦秸等生长发育。金针菇中含有丰富的蛋白质，纤维素、碳水化合物、脂肪、灰分、维生素等营养物质，特别是含有人体所必需的8种氨基酸，尤其是赖氨酸，对儿童智力发育有促进作用，被誉为增智菇。另外，金针菇还有预防高血压，治疗肝脏病，防癌抗癌之功能。因此，金针菇具有营养和保健作用，属食用菌兼药用菌。

二、金针菇的形态结构

金针菇是由菌丝体和籽实体两部分组成草菇籽实体，菌丝体灰白色，绒毛状，有横隔和分枝。

金针菇籽实体由菌盖、菌褶和菌柄等组成，多数成束生长，肉质柔软有弹性。菌盖幼小时淡黄色、球形或扁半球形，表面黏滑，直径2~8cm，在空气较干燥及有光的条件下，菌盖颜色呈深黄色。菌肉白色，中央厚，边缘薄，菌褶白色或带奶油色，较稀疏，长短不一，与菌柄离生或弯生。菌柄生于菌盖中央，中空圆柱状，硬直或稍弯曲，长3.5～15cm，直径0.2～0.8cm，等粗或上面较细，菌柄基部相连，上部呈肉质，下部为革质。柄上端呈白色，或淡黄色，基部暗褐色，表面密生黑褐色短绒毛。孢子生于菌褶籽实体上，表面光滑，呈椭圆形，大小为（5～7）cm×（3～4）cm，孢子印白色。

三、金针菇的生活史

金针菇籽实体成熟后孢子便从菌褶上弹射下来，遇到适宜环境就萌发长出芽管，芽管不断发生分枝和延伸，最后发育成菌丝，每个细胞中只有一个细胞核，称为单核菌丝（又称为一次菌丝）。当性别不同的单核菌丝互相接触、原生质互相融合，此时，每个细胞中有两个核，称为双核菌丝（又称为二次菌丝）。双核菌丝经一定发育阶段后，聚集、扭结成原基，进一步发育成籽实体。籽实体成熟后又释放出大量的孢子。这样周而复始进行生活循环，来完成自己的生活史。

除此之外，金针菇也能进行无性的繁殖过程，即双核菌丝在一定条件下，可断裂为单细胞的粉孢子，粉孢子可萌发形成单核菌丝，单核菌丝又可结合成双核菌丝，这一过程叫无性小循环。

四、金针菇的生活条件

金针菇是一种木腐菌，它能利用木材中的单糖、纤维素、木质素等化合物。但分解木材的能力较弱，坚硬的树木砍伐之后，没有达到一定的腐朽程度长不出籽实体。陈旧的阔叶树木屑，经堆积发酵，部分分解的更适合金针菇的生长。

1. 碳源

金针菇所需要的碳素营养都来自有机碳化合物，如纤维素、木质素、淀粉、果胶、戊聚糖类、有机酸和醇类等。以淀粉为最好，其次是葡萄糖、果糖、蔗糖、甘露醇、麦芽糖、乳糖、半乳糖也能利用，但不能利用菊糖。

2. 氮源

金针菇可利用多种氮源，其中以有机氮最好，如蛋白胨、谷氨酸、尿素等。天然含氮化合物如牛肉浸膏、酵母浸膏等也是很好的氮源，对无机氮中的铵态氮，如硫酸铵（在维生素 B_1 存在时）也可利用，而对硝态氮素营养和亚硝态氮的利用很差。

在配制培养料时，要注意碳素营养和氮素营养的比例。如果没有氮源，即使有很多可利用的碳源，也不能发挥作用，菌丝长不起来。反之，如果氮素太多，变成大量的游离氨，释放到培养料中，提高了培养料的 pH 值，籽实体的形成也会受到抑制。

在大面积栽培中，以细米糠、麸皮、玉米粉、大豆粉、棉籽粉为主要氮源。

3. 无机营养

金针菇的生长发育还需要一定量的无机盐类，如磷酸二氢钾、硫酸钙、碳酸钙、硫酸铁等。金针菇从这些无机盐中获得磷、铁、镁等元素。其中，以磷、钾、镁三元素为最重要，适宜浓度是每升培养基加工 $100 \sim 150mg$。

镁离子和磷酸根对金针菇的生长有促进作用。特别是粉孢子多，菌丝稀疏的品系，添加镁离子、磷酸根离子后，菌丝生长旺盛、速度增快，籽实体分化速度也加快。尤其是磷酸根是金针菇籽实体分化不可缺少的。

4. 维生素

金针菇是维生素 B_1、B_2 的天然缺陷型，必须由外界添加维生素 B_1、B_2 才能生长良好。在马铃薯、米糠中含有较多的维生素，所以，用这些材料配制培养基时可不必再添加维生素，但是，对于粉孢子、菌丝稀疏的金针菇菌株，在配制母种培养基时，需要添加少量的维生素 B_1 或维生素 B_2（可采用口服的维生素 B_1、维生素 B_2），菌丝才能生长旺盛。

5. 温度

温度是影响金针菇菌丝和籽实体生长发育的一个重要因素。孢子在 5～25℃时大量形成，并容易发成菌丝。菌丝在 3～34℃范围内生长，最适温度为 23～25℃，低温（3℃）和高温（40℃）时，菌丝生长极其缓慢。菌丝的耐低温能力很强，在 -21℃时经过 138 天仍能存活。菌丝对高温的抵抗力弱，在 34℃时，菌丝就停止生长，超过 34℃不久便会死亡。因此在自然条件下，夏季高温期间金针菇的菌丝生长不旺盛，而且容易形成粉孢子。

金针菇属低温结实性和恒温结实性菌类。籽实体形成所需要的最低温度是 5℃，原基形成的最适温度是 13℃，最高不超过 21℃，高温菌株在 23℃也能出菇，但菇蕾生长不良。金针菇虽能忍耐较低的温度，但在 3℃以下菌盖变为麦芽糖色，冰点以下变为褐色。温度极低还出现两个菇盖相连在一起的畸形菇。

6. 水分和湿度

金针菇属喜湿性菌类，菌丝在含水量 60%～80% 的培养料中能正常生长。栽培时培养料的含水量以 70% 较适宜。这时菌丝生长最快。培养料水分太多或太少，均会影响菌丝的生长，含水量太高时，菌丝生长缓慢，甚至不长，即使长出籽实体，菌柄基部也容易变色。若培养料含水量低于 60% 以下，菌丝体细弱，发育不良，颜色发灰。空气的相对湿度也有一定的要求，菌丝体生长阶段应控制在 60%～70% 内，湿度太高，污染率加大，籽实体发育阶段应控制在 80%～90%。

7. 空气

金针菇对二氧化碳虽不甚敏感，但籽实体生长期间同样需要足够的氧气。因其菌盖小，室内的通气量可少于其他大菌盖的通气量。缺氧时籽实体生长受抑制，金针菇生长所需空气中的二氧化碳在0.03%~0.06%最为适宜。

8. 光照

金针菇属于厌光性食用菌，菌丝在完全黑暗的条件下生长正常，在日光直射下可死亡。籽实体正常生长要求照度为2~4lx，甚至完全黑暗。光线强，菌柄长不长，菌伞过早开放，商品价值低。食用金针菇主要是吃菌柄，菌柄愈短，开伞愈早，商品价值就越低。

9. 酸碱度

金针菇需要弱酸性培养基。在pH值3~8.4的琼脂培养基上，菌丝可生长，但以pH值5.6~6.5的范围菌丝生长最好。原基的分化和籽实体的生长发育，以pH值5~6为适宜。

五、金针菇栽培技术

随着代料栽培技术的发展，用段木栽培金针菇已经绝迹了，目前人工栽培多采用瓶栽、袋栽、床栽3种方式进行。

（一）瓶栽

瓶栽是金针菇栽培的主要方式。日本瓶栽金针菇已进行全年的工厂化、自动化生产模式，使金针菇成为菇类栽培中机械化、自动化水平最高的一种食用菌。我国目前采用的多是普通瓶栽技术。

1. 栽培容器

采用750ml、800ml或1 000ml的无色玻璃瓶或塑料瓶，瓶口径约7cm为宜。瓶口大，通气好，菇蕾可大量发生，菇的质量也高。目前，国内多采用瓶颈3.5cm的菌种瓶或罐头瓶代替。菌种瓶口径太小，菇蕾发生的根数少，而罐头瓶装料有限，水分易蒸发，发生的菇蕾细弱，产量不高。

2. 栽培材料

凡是富含纤维素和木质素的农副产品下脚料，都可以用来栽培金针菇。如棉籽壳、废棉团、甘蔗渣、木屑、稻草、油茶果壳、细米糠、麸皮等，除木屑外，均要求新鲜无霉变的。

阔叶树和针叶树的木屑都可以利用，但以含树脂和单宁少的木屑为好。使用之前必须把木屑堆在室外，长期日晒雨淋，让木屑中的树脂、挥发油及水溶性有害物质完全消失。堆积时间因木屑的种类而异，普通柳杉堆 3 个月，松树、板栗树木屑堆一年为好。

3. 培养料的配方

(1) 棉籽壳　　　　78%；　　　糖　　　　1%；
　　细米糠（或麸皮）20%；　　碳酸钙　　1%。
(2) 棉籽壳　　　　88%；　　　糖　　　　1%；
　　麸皮　　　　　10%；　　　碳酸钙　　1%。
(3) 废棉团　　　　78%；　　　糖　　　　1%；
　　麸皮　　　　　20%；　　　碳酸钙　　1%。
(4) 木屑　　　　　73%；　　　糖　　　　1%；
　　米糠　　　　　25%；　　　碳酸钙　　1%。
(5) 蔗渣　　　　　73%；　　　糖　　　　1%；
　　米糠　　　　　25%；　　　碳酸钙　　1%。
(6) 稻草粉　　　　73%；　　　麸皮　　　25%；
　　糖　　　　　　1%；　　　碳酸钙　　1%。
(7) 甜菜废丝　　　78%；　　　过磷酸钙　1%；
　　米糠　　　　　20%；　　　碳酸钙　　1%。
(8) 麦秸　　　　　73%；　　　麸皮　　　25%；
　　糖　　　　　　1%；　　　石膏粉　　1%。

麦秸的处理方法，将麦秸截成 0.3cm 左右，置于 1% 石灰水中浸泡4~6小时，待麦秸软化后水洗、沥干。

（9）谷壳　　　　　30%；　　　糖　　　　1%；

　　碳酸钙　　　　　1%；　　　米糠　　　25%。

　　木屑　　　　　　43%。

谷壳的处理方法：谷壳经1%石灰水浸湿24小时，捞起洗净降碱、沥干，然后拌料。

金针菇的原料来源极其丰富，各地只要广开门路，因地制宜，并采取适宜的处理方法，同样能获得和棉籽壳、甘蔗渣、杂木屑栽培金针菇的相似产量。

4. 配料装瓶

将不同配方的培养料拌匀，含水量以65%~75%为宜。装瓶时，瓶下部松些，可缩短发菌时间，上部可紧些，否则培养料易干。为了使菇易于长出瓶口，培养料必须装到瓶肩。装完后，用大拇指压好瓶颈部分的培养基，中央稍凹，然后用木棒在瓶中插一个直通瓶底的接种孔，使菌丝能上、中、下同时生长，最后塞上棉花或包二层报纸，上盖塑料薄膜封口。

5. 灭菌、接种

将料瓶进行常规的高压蒸汽灭菌或常压蒸汽灭菌。待料温降到25℃以下进行接种，接种过程均按无菌操作进行。接种量以塞满接种孔为宜。接种后立即移至培养室，温度20℃为宜。因为瓶内菌丝生长呼吸发热，瓶内温度一般比室温高2~4℃。气温低时，室内门窗应关闭，每隔5~6小时通风换气一次，发菌期间还应定期调换瓶的位置，使之发菌均匀。一般经过22~25天菌丝能长满全瓶。

6. 出菇管理

出菇室必须通风、干净，水源方便，并要求室内无光。菇房的管理措施分以下几个步骤进行。

（1）催蕾。待菌丝长到瓶底后，及时把瓶子转移到出菇室，去掉瓶口上的棉塞（或纸），进行搔菌。搔菌是把老菌种耙掉，白色菌膜去掉。然后用报纸覆盖瓶口，每天在报纸上喷水 2~3 次，保持报纸湿润。几天之后培养基上部就会形成琥珀色的水珠，有时还会形成一层白色棉状物，这是现蕾的前兆，再过 13~15 天就会出现菇蕾。喷水过程中，不能把水喷在菇蕾上，否则，菌柄基部就会变成黄棕色至咖啡色，影响出菇的质量，同时，会产生根腐病。催蕾期温度控制在 12~13℃，湿度 85%~90%，每天通风 3~4 次，每次 15 分钟，并给予微弱的散射光。

（2）抑菇。现蕾后 2~3 天，菌柄伸长到 3~5mm，菌盖米粒大时，就应抑制生长快的，促使生长慢的赶上来，以便植株整齐一致。在 5~7 天内，减少喷水或停水，相对湿度控制在 75%，温度控制在 5℃左右。

（3）吹风。吹风又称压风。当菇蕾冒出瓶口时，应轻轻吹风，可使菇蕾长得更好，发生更整齐。

（4）套筒。套筒是防止金针菇下垂散乱，减少氧气供应，抑制菌盖生长，促进菌柄伸长的措施。可用蜡纸、牛皮纸、塑料薄膜作筒，高度 10~12cm，喇叭形（图 10-4）。当金针菇伸出瓶口 2~3cm 时套筒。套筒后每天纸筒上可喷少量水，保持湿度 90% 左右，早晚通风 15~20 分钟，温度保持在 6~8℃。

（5）采收。金针菇菌柄长 13~14cm，菌盖直径 1cm 以内，半球形，边缘内卷，开伞度 3 分时，为加工菇的最适采收期，菌盖 6~7 分开伞时，为鲜售菇的采收期。

（二）袋栽

袋栽金针菇，由于袋口直径大，通风性好，菇蕾能大量发生，菇的色泽比较符合商品要求。同时，塑料袋的上端可用来遮光、保湿，能使菌柄整齐生长，免去了套筒的手续。一般袋栽比用 3.5cm 口径瓶栽的产量高出 30% 左右，是值得推广的栽培工艺。

1. 栽培袋

可采用聚丙烯塑料袋。规格：长 40cm、宽 17cm 或长 38cm、宽 16cm，厚度 0.05 ~ 0.06mm。若鲜销，可用 42cm × 20cm 的袋子。塑料袋宽度不宜过大，否则，易感染杂菌，菌柄易倒伏。

2. 配料、装袋

培养料的配方及配制过程与瓶栽相同。装袋时，先把少量培养料装到袋中，用手指把袋底两端的边角向内压进，并压紧培养料使之能直立站稳，在袋中放一根圆形木棒（或倒立一根大试管），然后继续装料，边装边压紧。装量以 0.4 ~ 0.5kg 为度。袋子上端必须留 15cm 以上的长度，供菌柄生长之用。装袋后套上塑料环，用牛皮纸或棉塞封口。

3. 灭菌

塑料袋的体积大，装料多，灭菌时间比瓶子要长些。高压灭菌 1.5 ~ 2 小时，常压灭菌 100℃维持 8 ~ 1.0 小时。无论是高压灭菌或常压灭菌，塑料袋应直立排放于锅内。

4. 接种

接种时，塑料袋口要靠近酒精火焰处，但要注意不能碰到火焰，以免把塑料袋烧熔。接种量稍多些；一般每袋接 3 匙的菌种。接种时，把少量的菌种接入洞内，大部分菌种分布在培养基表面，有利于整齐出菇。一瓶原种接 30 ~ 40 袋。

5. 培养

菌丝的培养过程与瓶栽相同。但由于袋子装料多，培养时间较长，经过 25 ~ 30 天菌丝才能长到底。在培养过程中，要防止老鼠和蟑螂啃穿塑料袋，造成杂菌污染。同时，在以上操作过程中，搬运时要小心，不要刺破塑料袋。

6. 出菇管理

菌丝长满袋后，应及时搬到栽培室，为了充分利用空间面积，栽培室可放置栽培架，栽培架可设 3 ~ 4 层。最下层距离地面 60cm 左右，地面可以直接放一层袋栽种。架子每层相距 50cm 左右，便于喷水和采菇操作。

在栽培室内，先把棉塞或套环去掉，再把塑料袋完全撑开，在袋口覆盖一层报纸，每天喷水于报纸上，保持 85% ~ 90% 的湿度。菇蕾出现后不要急于拿掉报纸，否则水分容易蒸发，影响金针菇生长。盖报纸还可以增加二氧化碳浓度，抑制开伞。但也不能让菌盖接触报纸，待菌柄长到 10cm 左右时去掉报纸。其他管理方法与瓶栽相同。

（三）床栽

为了进行大规模生产，提高金针菇单位面积产量，在气温较低地方可以进行生料床栽。床栽成本低，适合市场鲜销。

1. 栽培季节

霜降过后至春节前后。气温稳定在 15℃ 以下，5℃ 以上时适合金针菇生料床栽。为了保证床栽的成功，最适合的温度是 7 ~ 10℃，温度超过 15℃ 时不能进行床栽，因污染率高。

2. 培养料

床栽的培养料必须是采用棉籽壳，进行生料栽培，适当拌进细米糠（或麸皮）增加氮源含量。棉籽壳和米糠要求新鲜，绝对不能发霉。常用的培养料配方有：

（1）棉籽壳　　　　　88%；　　　麸皮　　　10%；
　　　糖　　　　　　　1%；　　　　石灰　　　1%。
（2）棉籽壳　　　　　96%；　　　玉米粉　　3%；
　　　糖　　　　　　　1%。
（3）棉籽壳　　　　　99.3%；　　尿素　　　0.7%。
以上配方含水量要求 65% ~ 70%，酸碱度调至 pH 值 6。

3. 栽培场所

可以是普通用房或人防地道、地下室。但要求通气性好、无杂菌、卫生、黑暗。栽培前，用 2% 敌敌畏和 5% 石灰水进行杀虫消毒。人防地道或地下室要隔 5m 安装一个 15W 灯泡（2lx 以下）悬在中央，利用菇的向光性，使之整齐生长而不散乱。

4. 床架

架宽 80～100cm，长度不限。

5. 薄膜

用来包裹培养料，比床架要宽，以便能拱成高 30～50cm 的环棚。

6. 播种

选用抗霉能力强，菌丝生长旺盛，产量高的菌株。菌龄不超过 2 个月，用菌种量 10%～15%。亦可用发透全瓶菌丝的瓶栽种。播种时将所用的器具、塑料薄膜用水冲洗干净，双手擦上酒精，把塑料薄膜铺在床上，先撒占总量 1/5 的菌种于薄膜上，铺成薄薄一层，再铺一层料。又放同量的菌种，如此一层料一层种，共三层料，四层种。每层料厚达 3cm 左右，将最后 1/5 的菌种撒于床面和四周。播种后将菌床压实、压平、把薄膜盖上。

7. 发菌管理

播种后在 10℃ 以下培养，10～15 天不作任何翻动，让菌丝迅速长满料面，若 15 天后还有部分料面未被菌丝占领，应轻轻掀动薄膜，促使未萌动的菌丝生长起来，并使菌丝往深处纵横生长。这时要注意培养料的水分不散失。保持 4～8℃ 防杂菌。经35～45 天，栽培床上生成茂密的菌丝，可揭去薄膜进行搔菌，即将表面已老化的菌丝体去掉或划破使内部菌丝接受新鲜空气和空气湿度的刺激。然后把薄膜加高到 20～30cm，空间湿度为80% 以上，每天注意换气，培养料的菌丝体由灰白色转为白色，并出现棕色分泌液，几天后就长出核桃仁样突起，在突起上再长出丛生菇蕾。

8. 出菇管理

菇蕾形成后空间湿度为80%~90%，不能把水喷在菇蕾上，否则菇体变褐色。小菇蕾在适宜环境中迅速发育，长成色泽嫩黄、盖小、柄长、粗壮的金针菇，当有15cm长时可采收。收完一潮菇后即除去菇脚根和上层已老化了的菌丝体，喷上充足水分，又按上述方法管理，一般可收获3~4潮菇。

9. 生料栽培金针菇应注意事项

生料栽培金针菇，最重要的是防杂菌污染，由于金针菇属低温型伞菌，利用这个特点创造金针菇的生长优势，因此，在10℃以下（4~8℃）培养金针菇菌丝体是栽培成败的关键。气温10℃以上，并没使菌丝生长加快，而是适应籽实体的形成，这样，接进去的菌种块不进行营养生长而进入生殖生长，致使培养料没被菌丝占领，引起杂菌污染。籽实体分化生长时，温度应控制在8~10℃，气温过低菇蕾发育缓慢，超过12℃菇柄短，易开伞，杂菌蔓延，菇柄根部变褐死亡。另一个应注意的问题是栽培床上还未形成繁茂菌丝层前，有的菌种块会长出籽实体，这时切不可认为"提前出菇"，绝不能掀开薄膜让其出菇，否则，会因小失大，造成减产。最后还应注意在搔菌催蕾时补足水分，菇蕾形成后不能把水直接喷入菇床，以防菇体变褐。

第九章 黑木耳栽培技术

一、概述

黑木耳又称木耳及光木耳等，它的别名很多，如云耳、黑菜、木蛾等。黑木耳属于担子菌亚门、层菌纲、木耳目、木耳科、木耳属。

它是一种黑色、胶质、味美的食用菌，主要产于我国的东北和湖北等地的山区，年产量1.5万t（干耳）左右。我国生产的黑木耳品质好，在国际市场有很强的竞争力，创汇率很高。据有关资料介绍，出口1t黑木耳可换汇2万~2.5万美元。所以，黑木耳一直是我国传统的出口商品。

黑木耳营养丰富，口感好，历来是我国人民的美味佳肴。100g黑木耳干品中含蛋白质10.6g、脂肪0.2g、碳水化合物6.5g、热量1 281kJ。蛋白质含量相当于肉类。维生素 B_2 含量0.15mg，相当于一般米、面、大白菜以及肉类的4~10倍。我国人民在食用黑木耳的过程中，创造了灿烂的饮食文化，在世界各地只要有华人，就有我们中国的黑木耳传统的做法，人们把食用黑木耳作为思故乡和对祖国文化的怀念。

黑木耳胶体有极大的吸附力，具有润肺和清洗肠胃的作用，是纺织工人、矿工和理发职工良好的保健食品。

二、黑木耳的形态结构

黑木耳是由菌丝体和籽实体两大部分组成。菌丝体无色透明，由许多纤细由横隔膜和分枝的绒毛菌丝组成，是分解和吸收养分的营养器官。籽实体即食用部分，是产生并弹射孢子的繁殖器官。新鲜的籽实体是胶质状，半透明的，深褐色，有弹性。初生时粒状或杯状，逐渐变为叶状或耳状，许多耳片联在一起呈菊花状。直径一般为 4～10cm，最大的 12cm 左右。干燥后的籽实体强烈收缩为角质，硬而脆。籽实体的背面凸起，暗青灰色，有密生的短绒毛，不产生担孢子；腹面向下凹，表面平滑或有脉络状皱纹，呈深褐色，这一面产生担孢子，此面是由四个细胞的圆筒形担子紧密的排列在一起的栅状结构，担子的每个细胞长出一个小梗，小梗伸长并穿于胶质膜之外，在顶端各产生一个肾形的担孢子。许多担孢子聚集在一起呈白粉状。所以，当黑木耳籽实体干燥收边时，担孢子就像一层白霜黏附在凹入的腹面。

三、黑木耳的生活史

黑木耳属于异宗结合二极性的菌类，籽实体成熟时弹射出大量的担孢子，它在适宜的环境中萌发，可直接形成菌丝，也可产生芽管，先形成分生孢子，分生孢子萌发，再逐渐形成有分枝和横隔的管状绒毛菌丝。这种由担孢子萌发生成的菌丝，是单核不孕的初生菌丝，又称单核菌丝。两个单核菌丝，经异宗结合后，形成双核菌丝。双核菌丝通过锁状联合方式，进一步生长发育，生出大量分枝菌丝，向基质中延伸生长，吸收其水分和养分。逐渐进入生理成熟的结实阶段。在基质表面产生胶质的籽实体原基。在水分和养分供应充足情况下，原基细胞迅速分裂繁殖，菌丝量不断增加，进而密结转化成籽实体，籽实体成熟又弹射出担孢，这样从担孢子萌发，经过菌丝阶段的生长发育形成籽实体，再由成熟的籽实体产生新一代的担孢子。

四、黑木耳的生长条件

黑木耳在生长发育过程中，需要的环境条件主要有营养、温度、水分、空气、光照和酸碱度等。为了使黑木耳优质高产，我们必须熟悉和掌握这些条件，为黑木耳生长发育创造出适宜的环境。

1. 营养

黑木耳是一种木腐生性很强的真菌，它多生于栎树、白桦、枫桦等阔叶树木的枯枝上，完全依赖菌丝体从基质中吸收营养物质，来满足自身生长发育的需要。碳源主要有木质素、纤维素、半纤维素、淀粉、蔗糖和葡萄糖；氮源主要有蛋白质、氨基酸、尿素、铵盐。上述的木质素、纤维素淀粉和蛋白质等复杂有机物质，必须由菌丝分泌出相应酶类将其分解为小分子化合物后才能被吸收利用。还需要磷、钾、铁、镁、钙等无机盐类及少量铜、锰、锌、铝等微量元素和极少量的生长素类物质。这些营养物质在木材、木屑、棉籽壳、麸皮、米糠和玉米芯培养基中都存在，其可满足黑木耳生长发育的需要。

2. 温度

黑木耳属于中温型真菌，但在不同生长发育时期对温度有不同的要求。一般菌丝生长的温度范围在 $5 \sim 36℃$，但以 $22 \sim 28℃$ 为最适温度，在温度低于 $5℃$ 或高于 $36℃$ 以上时，菌丝生长发育会受到抑制。黑木耳菌丝能耐低温，不耐高温，当温度低于 $5℃$ 或短时间在 $-30℃$ 低温下菌丝不死亡。温度高于 $28℃$ 时，菌丝生长发育速度加快，但常常会出现菌丝衰老现象，超过 $40℃$ 就会死亡。黑木耳籽实体生长的温度范围在 15~32℃，以 20~25℃为最适温度，15℃以下时籽实体难以形成或生长受到抑制，高于 32℃时籽实体将停止生长或自溶分解。孢子在 22~32℃范围内均能萌发，但萌发的适宜温度是 25~28℃。

黑木耳在生长温度范围内，温度越高生长速度越快，菌丝体瘦弱，籽实体色淡肉薄，温度越低生长速度越慢，菌丝体健壮，生活力增强，籽实体色深肉厚。

3. 水分

黑木耳在不同生长发育阶段，对水分的要求不同。在菌丝生长阶段，要求段木内的含水量为 40%~50%，而栽培料内的含水量以 65%左右为宜，这样有利于菌丝的定植和延伸。湿度过小会显著影响其生长发育；湿度过大，会导致通气不良，氧气缺乏，菌丝体生长发育受到抑制。在籽实体形成和生长发育阶段，在耳木和栽培料内仍然保持菌丝生长时期的相应湿度外；空气中的相对湿度还要保持在 90%~95%，若低于 80%，籽实体形成迟缓，低于 70% 不形成籽实体；如果空气相对湿度过大，经常处于饱和状态，也不利于籽实体的生长发育。在生产实践中摸索出了干干湿湿不断交替，有利于籽实体生长发育的良好环境，可获得黑木耳的优质高产。

4. 空气

黑木耳是好气性真菌。在整个生长发育时期需要充足的氧气。黑木耳对二氧化碳，虽没有银耳、灵芝敏感，但在室内和塑料大棚内栽培时，要保持栽培场空气流通新鲜。所以，室内和塑料大棚内要经常通风换气，特别是在出耳期间必须保持良好的通气条件，可促进籽实体的生长发育，防止霉烂和杂菌感染。

5. 光照

黑木耳菌丝在黑暗的环境中能正常生长，但经常性的散射光条件对菌丝的发育有促进作用。散射光能促进原基的形成，在黑暗环境中不能形成籽实体。籽实体的生长发育不仅需要大量的散射光，而且还需要一定的直射阳光，才能生长良好。据有关资料报道，黑木耳在 15lx 的光照条件下，籽实体近白色；在 200 ~ 400lx 的光照条件下，籽实体呈浅黄色；在 400lx 以上的光照条件下，籽实体呈黑褐色。出耳期光照强度控制在 700 ~ 1 000lx 才能长成健壮肥厚的籽实体。而在遮阴的森森中或光照不足的条件下，籽实体发育不良，呈淡褐色，耳片薄，产量低。因此，露天栽培黑木耳应选择在花花太阳的场地。在南方日照时间长，气温高，需要"三分阳、七分阴"；在北方，日照时间短，气温低，需要"七分阳、三分阴"；在华中选用"五分阳、五分阴"较为适宜。

6. 酸碱度

黑木耳喜欢在偏酸性环境中生活。菌丝生长的 pH 值范围在 4 ~ 7，但以 5 ~ 6.5 为最适宜，pH 值在 3 以下或 8 以上都不适合菌丝生长。

目前，我国人工栽培黑木耳采用段木栽培和代料栽培两种方法，就全国范围看，段木栽培黑木耳是主要方法。

五、黑木耳段木栽培

（一）工艺流程

耳场选择与清理→段木的准备→人工接种→发菌→出耳管理→采收与加工。

（二）耳场的选择与清理

耳场是指排放耳木（接种后的段木叫耳木），使黑木耳发生的场所。耳场的条件好坏，直接影响黑木耳的产量和质量，选择的标准，主要以满足黑木耳生长发育的环境条件为依据。在生产实践中认为，选择耳场的条件有以下几个方面：

（1）方位。选择场地应坐北向南或坐西北向东南，海拔300～1 000m高的山地最好。坡度在15°以下的缓坡地或排水良好的沙质壤土平地，土质以壤土或沙壤土为宜。

（2）光照和空气。栽培场不能遮阴过大，一般要求七阳三阴，即七分光照，三分阴凉。要空气清新、流通、无大风。

（3）水源。水源要充足，水质良好，无污染，排灌方便，如水头较高，落差大，可以自压喷灌为佳。如自然出耳，在早晚应有云雾笼罩，降水频繁，空气湿度较大不易积水，天旱时也便于抗旱。

（4）环境。环境要清洁卫生，植被完整，无污染，无病虫害。无杂菌滋生，地上有草和树，最好周围耳木资源丰富，交通要求方便。

（5）电源。随时可供电，若无电可用柴油机代替。

（6）耳场。面积可根据栽培量大小而定。

（7）二场制。在有条件的地方最好采用二场制，即山上发菌，山下长耳。在山上砍树、剔树、截段、架晒后，春季就地接种，待菌丝生长，形成耳片时，将耳木搬到山下，在预先选好的第二场地起架，管理出耳。这种办法成本低，产量高。

耳场选好后，应及时砍掉灌木，刺藤及茅草，清除枯枝落叶及乱石，挖好排水沟，并保留草皮。同时，在地面上撒石灰、或喷漂白粉、敌百虫等药物防治耳场病虫害。

（三）段木的准备

栽培黑木耳的段木准备包括选树、砍树、剔枝、截段和架晒等几个程序。

1. 选树

目前已知能够生长黑木耳的树种很多，据不完全统计有几十种。选哪些树种最好，要根据当地的树木资源情况而定，一般应选用经济价值低，树木资源丰富，又适于黑木耳生长发育的树种。但含有松脂、精油、醇、醚等杀菌物质的松、杉、柏等针叶树和樟树科、安息香科等含有少量芳香性杀菌物质的阔叶树以及板栗、漆树、五倍子树、油桐树等重要经济价值的树种不能选。我国栽培黑木耳常用的树种有：栓皮栎、麻栎、枫树、赤杨、柳树、榆树、刺槐、法桐、桑树、李树、苹果树、椿树等。一般树龄应在 5～15 年，耳木直径在 5～15cm，但以 8～12cm 最适宜。树种不同，出耳的早晚和年限也不同，选用法桐、赤杨等木质疏松的树，透气性、吸水、保水性能好，接种后菌丝定植、生长快，出耳早，但长耳年限较短，产量低；而选用栓皮栎、麻栎、李树等木质硬的树，透气性和吸水性能差，接菌后菌丝定植、生长慢，出耳晚，但长耳年限较长，产量高。

2. 砍树

砍树从树木落叶到新叶初发前都可砍树，一般掌握在"冬至"到"立春"期间砍伐，就是所谓"进九砍树"。因为，这个时期树木进入"冬眠阶段"，树木本身汁液多，贮藏的营养物质比较丰富，含水量相对减少，杂菌和害虫也少，皮层和木质部结合比较紧密，砍伐后皮层不易爆裂和脱落，减少杂菌感染，有利于黑木耳的生长发育。砍树时，树桩离地面应留 10cm 高，两面下斧砍成鸦雀口，这样可避免砍口积水腐烂，有利于树根再生芽的萌发。

3. 剔枝

树砍倒后，不要马上进行整枝，否则水分蒸发快，让耳木很快干燥，一般要求在砍树后 10～15 天再进行剔枝。剔枝时间，因地和气候而异，南方由于气候湿润，树木含水量大，剔枝可在砍树 15 天后进行；而北方气候干燥，树木含水量较少，剔枝时间可以比南方提前 5 ~ 10 天。剔枝要求是用锋利的砍刀，自下而上的顺着枝杈的延伸方向砍削，留下约 1cm 长的枝座，削口要平滑，成圆疤，不要留下过长的槎子，也不应削得过深而伤及皮层，造成杂菌入侵感染。

4. 截段

砍下的树干经剔枝后，即可截段，用手锯或电锯将树干截成 1 ~ 1.2m 长的段木，段木一般要求整齐一致，便于排放管理。较粗的树干要截得短一点，较细的树干要截得长一点。段木截面应用石灰水涂刷，消毒伤口，减少杂菌感染。在树干剔枝截段时，应把 5cm 以上的树杈收集在一起，也用于栽培黑木耳，这样可利用边材，减少浪费。

5. 架晒

当树干截段后，要放在地势较高，通风向阳处架晒，其目的是促使段木组织尽快死亡，并干燥到适合接种的程度。架晒时，应将不同树种和不同规格的段木分开，按"井"字形或"三角"形堆积成约 1m 高的小堆，每隔 10 ~ 15 天翻堆一次，把上下、内外的段木相互调换位置，重新堆积，使干燥均匀，若遇阴雨天气堆上应盖塑料薄膜。大约晒 1 个月，段木已有 60% ~ 70% 成干，即比架晒初期失去了 30% ~ 40% 水分，含水量约在 50% 以下，从外表看，段木两端截面变为黄白色，并有明显的放射状裂纹，敲之音脆时，即可接种。

(四) 人工接种

段木的人工接种，就是把培养好的栽培种接到段木上，接种是黑木耳段木栽培的重要步骤，接种质量好坏，直接影响黑木耳的产量和质量。所以，必须引起高度重视。

1. 木屑菌种接种法

主要有打接种穴、点放菌种和盖树皮帽等三道连续工序。接种时，根据各地条件不同，可用电钻、手摇钻或皮带冲子打接种穴。打穴时要合理密植，一般打四行孔穴，穴距 8～10cm，行距 5～7cm。由于菌丝在段木中生长延伸时，纵向大于横向，所以，穴距应大于行距；穴深 1.5～1.8cm，必须进入木质部 1.2～1.5cm，穴的直径为 1.2～1.5cm，孔穴应离段木两端各 5cm 左右，行与行交错成"品"字形。段木粗时可接密一些，段木细时可接疏一些。在打接种穴的同时，要准备好树皮盖，盖的直径要大于穴直径 2mm。

接种穴打好后，用消过毒的小铁铲，挖取培养好的木屑菌种快填入穴孔内，装满为止，然后轻轻压紧，盖上用水蒸煮过的树皮盖，用铁锤打严实，让树皮盖与耳木密合，使表面子整。树皮盖不能过大，也不能过小，小了盖在穴孔上容易脱落或经锤打后容易凹陷，积水，引起菌种霉烂；大了盖在穴孔上易凸出，也容易碰掉，可引起菌种干燥或被害虫吞食，降低菌种的成活率。也可用石蜡封穴（取石蜡 7 份，松香 2 份，猪油 1 份，加热熔化，待稍冷却时，用毛笔蘸取涂抹）。

2. 枝条菌种接种法

用枝条菌种接种的段木打接种穴，行距和穴距与木屑菌种要求相同，其深度和直径要按照枝条菌种的直径大小而定。接种时，先在穴底填上少量木屑菌种，然后取一枝条菌种，插在适合的穴内用铁锤敲打，使枝条与耳木表面平贴。要求枝条与穴孔之间无缝隙，以防止菌种干燥或雨天积水，引起杂菌感染而发霉变质。

（五）发菌和出耳管理

黑木耳段木栽培，接种是第一关，发菌和出耳管理是第二关。后者包括上堆发菌，散堆排场和起棚上架等步骤。

1. 上堆发菌

段木接种后，为了使菌丝尽快在接种穴内恢复生长、定植和在耳木中蔓延，要及时将耳木堆积起来发菌。上堆前要选择一个避风、向阳的场所，并将场地打扫干净，用木头或砖头铺在地面上作脚垫，高 10~15cm。然后把接好的耳木按树种、长短、粗细分开堆叠，堆叠的方法一般用井叠式、顺码式、覆瓦式和直立式。现以井叠式为例，将耳木分层次排列在横木上，堆放成 1m 高左右的小堆。耳木间要留一缝隙，以利通风。为了保温、保湿，可用塑料薄膜盖堆（若接种稍晚，气温较高时，堆上应用树枝或干草覆盖，不再用塑料薄膜盖堆），堆内温度要求在 22~28℃。一般在天气晴朗，气温升高的中午阳光直射光时，应注意揭膜降温或遮阴。以防止造成烧堆现象。在夜间大气温度下降，堆内温度也随之而降低，塑料薄膜要盖严实，并在上面再盖一些干草或草帘等，以利保温。堆内空气相对湿度保持在 80% 左右即可（使塑料薄膜内壁上有水珠为宜）。

上堆后每隔 7~8 天翻堆一次，把耳木上下内外互相调换位置，使耳木发菌均匀。在第二、第三次翻堆时，若耳木干燥，结合翻堆或每隔 4 天左右向耳木上喷细水调节湿度，喷水后，待耳木树皮稍干后，再盖塑料薄膜。在翻堆时，要注意检查菌种成活率和杂菌感染情况，对于接种穴内菌种干枯的、杂菌感染的、水浸死的、高温烧死的和受虫害的，要采取相应的补救措施。上堆发菌初期，结合翻堆进行通风换气，让新鲜空气进入堆内，2~3 周后，每 1~2 天揭开堆上塑料薄膜进行换气。上堆发菌经 1 个月左右，耳木上有少量耳芽出现时，即可散堆排场。

2. 散堆排场

散堆排场的目的，是让黑木耳菌丝在耳木中迅速蔓延，并由营养生长转入生殖生长。目前，在生产上采用的排场方式有

3 种。

（1）接地平放。排场时，将耳木一根根平放在湿润的，有草坪的（或沙土的）栽培场上，耳木间相距 5～8cm，让其吸收地潮，接受阳光雨露和吸收新鲜空气。若湿度不够，每天早晚应各喷一次水，保持耳木内适宜的含水量。排场后每 10 天左右应翻动耳木 1 次，保证耳木上下、左右吸潮均匀。经 1 个月左右，在耳木上有耳芽大量发生时可起棚上架。

（2）离地平放。把树龄长短、粗细基本相同的耳木两头，按组、行整齐地摆放在栽培场的枕木或砖垫（高 10～15cm）上。每 10 段或 20 段为一组，若干组为一行，在同一组内耳木之间相距 5～6cm，组距 30cm，行与行之间可留作业道。按照耳木对水分的需要，天气干燥时，每天早晚各喷一次水，喷水量要比接地平放多。这种排场方式通风良好，光照均匀，耳木表面清洁，比接地平放感染杂菌少。每 10 天翻动一次耳木。待 1 个月左右，当耳木上有耳芽大量发生时，可起棚上架。

（3）半离地平放。与离地平放管理办法相同，只是一头用砖或枕木垫起来（高 10～15cm），另一头接地，坡向朝阳，翻耳木时要调头。

3. 起棚上架

当耳木经过散堆排场后，在耳木上有 50% 以上耳芽出现时，黑木耳就进入了籽实体生长发育阶段，便可起棚上架。这个阶段黑木耳的生长发育需要 "三晴两雨" 和 "干干湿湿"，干湿交替的环境条件，起棚上架就能满足这个条件，同时，还可以避免部分害虫和杂菌的为害。

起架时，先在两端地面上交叉埋两根长约 1.5m 的木桩，然后将一根横木放在交叉处卡住，横木离地约 60～70cm，把耳木放在横梁的两侧，成 "人" 字形，其角度 45° 为宜，但要根据天气情况灵活掌握，少雨季节，天气干旱时，耳木要竖得平些；多雨季节，天气潮湿时，耳木要竖得陡些，每根耳木之间应相距5～6cm，架与架之间留下作业道。

4. 出耳管理

耳木起架管理，必须要协调好耳场的温度、湿度、光照和通气条件，但是水分管理是增产的关键。这时要求干干湿湿的外界环境，头两天早晚要浇足水分，以后根据情况适当浇水，一般在晴天多浇水，阴天少浇水，雨天不浇水，每次浇水时要细雾状，巡回浇，全浇，浇足，使耳木吸足水分。天晴温度高时，应早晚喷水，避免在阳光强烈的中午浇水，以免造成烂耳。耳场空气中相对湿度控制在90%～95%为宜。这样10天左右籽实体便可长大成熟。

黑木耳每潮收后应停止浇水，让阳光照射3～5天，使耳木表面干燥，氧气从裂缝进入，促使菌丝恢复生长，并向耳木更深的部分蔓延生长。然后再浇水管理，经10～15天，可采收二潮木耳。

木耳的越冬管理段木栽培黑木耳时间较长，一般是一年种3年收，当年初收，翌年大收第三年尾收。每年秋末冬初，气温下降，菌丝生长缓慢乃至休眠，停止出耳，即进入越冬期。这个时期的管理方法是将耳木集中，仍按"井叠式"等堆放在清洁干燥处，上面覆盖草或树的枝叶保温保湿，防止严冬低温危害菌丝，若天气干燥应向耳木上适当喷水保湿，到来年春天气温回升后，耳木上发生耳芽时，再散堆上架，精心管理，待成熟后采收。

六、黑木耳代料栽培

近年来，利用农作物秸秆、种壳和工业废料栽培木耳，不但能节约木材，也为发展黑木耳开辟了新途径，为农民脱贫致富找到了新的门路。

黑木耳代料栽培，一般多采用塑料袋栽、瓶栽、菌砖栽培、覆土栽培等。由于木耳菌丝生长速度慢，抗杂菌能力差，生产中多采用塑料袋栽培。

（一）代料室内栽培管理技术

1. 袋栽工艺流程

菌袋制备：配料→装袋→灭菌→接种。

菌丝培养：菌丝萌发→适温壮菌→变温增光。

出耳管理：打洞引耳→耳芽形成→出耳管理→采收加工。

2. 瓶栽工艺流程

备料→配料→装瓶→灭菌→接种→菌丝培养→出耳管理→采收→加工贮藏。

3. 栽培季节

黑木耳属中温型。栽培季节，应根据菌丝体和籽实体发育的最适温度，主要预测出耳的最适温度和不允许超出的最低和最高温度范围。要错开伏天，避免高温期，以免高温高湿造成杂菌污染和流耳。

4. 选择优良菌种

要选择适应性广、抗逆性强、发菌快、成熟期早，菌龄30～50天为佳。切勿使用老化菌种和杂菌污染的菌种。据试验，适于棉籽壳、木屑代料栽培的有"沪耳1号"、湖北房县的"793"、保康县的"Au26"、福建的"G139"、河北"冀诱1号"；适于稻草栽培的"D－5"、"G139"、"G137"等。

5. 代料配方

（1）木屑培养料。

阔叶树木屑78%；麸皮或米糠20%；石膏或碳酸钙1%；蔗糖1%。

（2）棉籽壳培养料。

阔叶树木屑90%；麸皮或米糠8%；石膏或碳酸钙1%；蔗糖1%。

（3）木屑、棉籽壳培养料。

棉籽壳43%；杂木屑40%；麸皮15%；石膏粉1%；蔗糖1%。

（4）木屑、棉籽壳、玉米芯培养料。

木屑30%；棉籽壳30%；麸皮或米糠8%；玉米芯30%；蔗糖1%；石膏1%。

（5）玉米芯粉培养料。

玉米芯粉75%；麸皮20%；石膏粉1%；蔗糖1%。

（6）玉米芯培养料。

玉米芯98%；蔗糖1%；石膏1%。

（7）稻草培养料。

稻草66%；麸皮或米糠32%；石膏1%；蔗糖1%。

（8）豆秸秆培养料。

豆秸秆粉88%；麸皮10%；石膏粉1%；蔗糖1%。

（9）麦秸培养料。

麦秸（93cm长）80%；麸皮或米糠16%；石灰1%；过磷酸钙0.5%；石膏0.5%；

蔗糖1%；尿素0.5%；磷酸二氢钾0.5%。

（10）蔗糖渣培养料

蔗糖渣84%；杂木屑14%；石膏1%；石灰1%。

6. 配制方法

各种培养料，因物理结构和化学组成不同，其配制方法有所不同，但配制时的基本要求是：用料必须干燥、新鲜、无霉变；拌料力求均匀，按配方比例配好各种主辅料，把不溶于水的代料混合均匀，再把可溶性的蔗糖、尿素、过磷酸钙等溶于水中，分次掺入料中，反复搅拌均匀；严格控制含水量，一般料水比（1∶1.1）～1.4，培养料的含水量在55%左右；培养料用石灰或过磷酸钙调pH值到8左右，灭菌后pH值下降到5～6.5。

常用的棉籽壳培养料，在装袋前加水预湿，使其充分吸水，并进行翻拌，使其吸水均匀。稻草培养料切成2～3cm长的小段，浸水5～6小时，捞起沥干水；也可放入1%～2%的石灰水中浸泡，水为总料重的4倍，浸12小时，然后用清水洗净，沥去多余的水分，使含水量在55%～60%，加入辅料拌匀备用。如用稻草粉，可直接拌料、装袋，不用浸泡。

7. 栽培方法

塑料袋栽培法。

①塑料袋选择：塑料袋通常选用低压聚乙烯或聚丙烯塑料袋。塑料袋质量的好坏，直接关系着代料栽培的成品率和产量，要选用厚薄均匀，无折痕、无沙眼的优质塑料袋，凡是次品坚决不用。塑料袋的规格：长27cm，宽14cm，厚度0.05～0.06cm。

②拌料、袋装和灭菌：按配方比例拌料，含水量达到60%左右。装袋时，边装料边用手压料，使上下培养料松紧一致。擦去袋口内外的培养料，套上颈圈，再在颈圈外包一层塑料薄膜和牛皮纸灭菌，或装料后直接用橡皮筋或线绳成紧而不死。

灭菌通常采用高压蒸汽灭菌，进气和放气的速度要慢。灭菌在1.5kg/cm↑2压力下保持1.5小时，再停火闷6～8小时。当采用土蒸锅常压灭菌时，开始时要武火猛攻，4小时内蒸仓内温度达到100℃，并保持8～10小时。

③接种：经灭过菌的料袋，待料温降到30℃以下时，接种室或接种箱要在接种前彻底消毒，接种操作要迅速准确，严格做到无菌操作。每袋接种量5～10g，将菌种均匀撒在培养料的表面。接种后，最好将塑料袋一一在5%上石灰水浸泡一下，棉塞上可撒以过筛的生石灰粉，然后再送往培养室。

④发菌期管理：这一时期要做好以下几项工作。

第一，培养室应事前灭菌，即用石灰粉刷墙壁，用甲醛和高锰酸钾混合进行熏蒸消毒；培养过程中，每周用5%石炭酸溶液喷洒墙壁、空间和地面，连续喷2次，以除虫灭菌。

第二，温度和湿度要适宜。培养室温度要先高后低。菌丝萌发时，温度在25~28℃为宜。10天后，温度降至22~24℃，不超过25℃。室内空气相对湿度控制在55%~70%。后期如雨水多，在培养场地撒些石灰，以降低空气相对湿度。

第三，光线要偏暗。在菌丝体生长阶段，培养室的光线要接近黑暗，门窗用黑布遮光或糊上报纸或瓶（袋）外套上牛皮纸、报纸进行遮光，有利于菌丝生长。当菌丝发满瓶（袋）时，要清除培养室门窗的遮光物，增加光照3~5天；如光线不足，可用电灯照射，以补充光源，来刺激黑木耳原基形成。

第四，空气要新鲜。黑木耳是好气性菌类，在生长发育过程中，要始终保持室内空气新鲜，每天通风换气1~2次，每次30分钟左右，促进菌丝的生长。

第五，及时检查杂菌，防止污染。在菌丝培养过程中，料袋常有杂菌侵染，要及时进行检查，如发现有菌斑要用0.2%多菌灵或1%甲醛溶液注射菌斑，然后贴上胶布，控制杂菌的蔓延。

⑤出耳管理：

第一，出耳场地的选择　出耳场地环境要清洁卫生，光线要充足，通风良好，能保温、保湿。最好为砖地或沙石地面。

第二，菌袋消毒，开孔吊袋　开孔前，去掉棉塞和颈圈，把袋口折回来用橡皮筋或线绳扎好，手提袋子上端放入0.2%高锰酸钾溶液或0.1%多菌灵药，旋转数次，对菌袋表面进行消毒。消毒后，采用"S"形吊钩，把袋子挂在出耳架上，袋与袋之间的距离10~15cm，使袋间的小气候畅通良好，有利于出耳。

第三，出耳管理　菌袋开孔挂栽后，黑木耳从营养生长转向生殖生长，菌丝内部的变化处于最活跃的阶段，对外机界条件反应敏感。要根据3个生长发育阶段，进行管理。

原基形成期：栽培袋置于强光或散光下经过5天，开孔后5~7天即可见到幼小米粒状原基发生。该阶段要求空气相对湿度保持在90%~95%，每天在室内喷雾数次，不要直接喷在袋上，可以在栽培袋上覆盖薄膜或盖纸、盖布，以防止空气干燥，洞口菌丝失水，袋面工作干燥板结。

幼耳期：从粒状原期发生到生长小耳片，形式猫耳、肉厚、顶尖硬而无弹性，大约需7天，此阶段耳片尚小，需水量小，每天喷水1~2次，空气相对湿度不低于85%，保持耳片湿润，可将覆盖的薄膜去掉。

成耳期：由小耳片长大到成熟，约需10天。此阶段籽实体迅速生长，需吸收大量的养分、水分和氧气，耳片每天延伸0.5cm左右，每天要3~4次向地面、墙壁、空间和菌袋表面喷水，以保持空气相对湿度不低于90%。管理时，经常打开门窗，通风换气，增加光照强度，光照要求达到1 000~2 000lx，同时，出耳期经常调换和转动菌袋的位置，使菌袋受光均匀。

⑥采收与干制：成熟应适时采收，以防生理过熟或喷水过多，造成烂耳、流耳。正在生长的幼耳，颜色较深，耳片内卷，富有弹性，耳柄扁宽。当耳色转浅，耳片舒展变软，耳根由粗变细，籽实体腹面略见白色孢子粉时，应立即采收。采收前干燥2天，使耳根收缩，耳片收边。采收时，采大留小，尽量不留耳基，耳片、耳根一齐采小，采收切勿连培养料一齐带起。否则会影响木耳的商品质量和推迟第二次采收时间。

采摘下来的木耳采用晾干法或烘干法进行干燥，干制的木耳容易吸湿回潮，应装入塑料袋内密封保存，防止被虫蛀食。采摘后清理料面，继续停水2~3天，使菌丝体恢复，经过10天管理，可采收第二批木耳。在正常情况下，可采收3~4批。

第十章 虎奶菇栽培技术

一、概述

虎奶菇别名茯苓侧耳，日本人称南洋茯苓，为药食兼用菇菌。虎奶菇以菌核入药为主，籽实体含蛋白质 16% ~ 45%，可食用。菌核中含有葡萄糖、果糖、半乳糖、麦芽糖、纤维二糖，棕榈酸、肌醇、油酸等。非洲一些国家和地区很早就有食用和药用虎奶菇的传统。虎奶菇以菌核入药为主，籽实体含蛋白质 16% ~ 45%，可食用。菌核中含有葡萄糖、果糖、半乳糖、麦芽糖、纤维二糖，棕榈酸、肌醇、油酸等。非洲一些国家和地区很早就有食用和药用虎奶菇的传统，他们将虎奶菇籽实体切成细块，或将菌核除去外皮，用盐水煮过切片或磨粉，再加其他作料煮汤食用。尼日利亚民间用虎奶菇治疗胃痛、便秘、发烧、感冒、水肿、胸痛、神经系统疾病及天花、哮喘及高血压等病症，并用于促进胎儿发育，提高早产儿的生存率。东南亚各国还用虎奶菇菌核治疗痢疾。我国云南省民间也有以虎奶菇菌核入药的传统，常用于外治妇女乳腺炎。

二、虎奶菇生物学特性

1. 生态习性

虎奶菇自然生长于热带和亚热带，夏秋间生于阔叶树的根和埋木上。菌丝侵染木材或树桩后，引起木材的白色腐朽，并在地下、木材中或树根之间形成菌核。产区分布海南、江西等地，日本、马来西亚、缅甸以及喀麦隆、尼日利亚、乌干达、加纳、几内亚、坦桑尼亚、澳大利亚等国家均有自然生长。

2. 生活条件

（1）营养。虎奶菇是一种典型的木腐朽菌，能利用许多阔叶树、针叶树及各种农作物的秸秆。菌丝在含果糖的琼脂培养基上生长良好，其次为甘露糖，再次为葡萄糖，还能利用多种有机氮，但利用无机氮能力较差。

（2）温度。菌丝体在 15～40℃ 均可生长，以 25～32℃ 为最适，超过 40℃ 不能生长，15℃ 菌丝稍生长，10℃ 以下不长，长菇最适温度 25～35℃。

（3）水分。菌丝生长在含水量 60%～70% 的培养基上表现旺盛，低于 60% 生长缓慢，高于 70% 稀疏纤弱。

（4）酸碱度。菌丝生长的 pH 值 6.0～7.2，以 pH 值 6.5 为最适。

（5）光线。菌丝生长不需光线，籽实体发生需要明亮光线，菌核在黑暗或明亮环境下均可形成。

（6）空气。属好气性真菌，籽实体生长需要新鲜空气。栽培房通风不良，二氧化碳浓度超过 0.1% 时籽实体变形。

三、袋料覆土栽培技术

近年来各地引种发展生产，栽培方式多样。

1. 场地选择

栽培场地室内外均可，但以野外大棚、简易草棚自然环境的房棚较理想。由于虎奶菇是地下长菌核，栽培场地要比其他菇类高。土壤要求腐殖层肥沃疏松，四周空阔，水源方便，排灌畅顺，环境清洁。土地深翻晒白后，做成畦床，并进行消毒处理。

房棚内通风良好，光线明亮，遮阴散热，有利夏季籽实体生长发育。

2. 栽培季节

以夏秋高温季节最适合菌丝生长和菌核的形成。在此季节栽培，既可减少能耗、降低成本，又可以缩短栽培周期。北方低温季节只要适当加温，同样可以进行栽培。

3. 栽培料配制

虎奶菇是一种典型的木腐菌，培养料常用配方有：①棉籽壳 45%、杂木屑 35%、麦麸 18%、蔗糖 1%、碳酸钙 1%，料与水比 1：（1.1~1.2）。②杂木屑 50%、黄豆秆 20%、棉籽壳 10%、麦麸 18%、碳酸钙 1%、蔗糖 1%。③玉米芯 38%、棉籽壳 30%、杂木屑 10%、麦麸 20%、蔗糖 1%、碳酸钙 1%。配制时先将干料拌匀，蔗糖、碳酸钙溶于水中，然后加入反复搅拌，过筛打散结团，含水量 60%，pH 值 7。

4. 栽培管理

待菌丝长好后去掉塑料薄膜覆土，先覆粗土（事先用石灰水预湿，土厚 0.8~1.2cm），然后再覆细土，喷水保湿。露天栽培时，在覆土之后，畦面上还应搭拱形塑料小棚加以保护，小棚高 30~40cm。

南方室外栽培从 3 月播种到翌年 10 月采收结束，应注意气温、雨量、风力等变化。华北地区为保温、保湿宜用塑料大棚栽培，除寒冬期间外，可常年生产。

虎奶菇的产量因不同菌株、培养料和栽培条件而有较大的差异，每平方米产量 4.5~18kg，生物学效率多数在 80%~100%，好的可超过 100%。

第十一章　灵芝栽培技术

一、概述

灵芝是一种珍贵的药用真菌，是滋补强壮，扶正固本的良药。近代医学研究证明，灵芝具有防癌、抗癌、抗衰老等多方面功能。灵芝的开发与应用引起了人们的广泛重视。当前国际上对灵芝的需求量大，产品供不应求。我市林木资源丰富，气候适宜，环境无污染。种植栽培有基础，产品销售有一定渠道，积极发展灵芝生产是开发山区资源，发展山区经济的有效途径。

二、灵芝的生长习性

（一）地理分布

灵芝品种多样，分布广泛。我国大部分省份均有分布，一般适宜 300～600m 海拔高度山地生长，特别是热带、亚热带杂木林下，均可找到它的踪迹。

（二）生态环境

灵芝在野外多生于夏末秋初雨后栎、槠、栲树等阔叶林的枯木树兜或倒木上。亦能在活树上生长，故属中高温型腐生真菌和兼性寄生真菌。

（三）生物学特性

1. 营养

主要是碳素、氮素和无机盐。灵芝在含有葡萄糖、蔗糖、淀粉、纤维素、半纤维素、木质素等基质上生长良好。它同时也需钾、镁、钙、磷等矿质元素。

2. 温度

灵芝属中高温型菌类，对其温度适应范围较为广泛。

（1）菌丝体。生长温度范围 3 ~ 400℃，正常生长范围 18 ~ 350℃，较适宜温度为 24 ~ 300℃，最适宜温度为 26 ~ 280℃。

（2）籽实体。籽实体形成的温度范围在 18 ~ 320℃。最适温度 26 ~ 280℃，300℃发育快，质地、色泽较差，250℃质地致密，光泽好。温度持续在 350℃ 以上，180℃ 以下难分化，甚至不分化。

（3）孢子。萌发最适温度在 24 ~ 260℃。

3. 水分

灵芝菌丝体在基质中要求最适含水量为 60% ~ 65%，菌丝在段木中要求段木含水量在 33% ~ 48%。短段木埋土时，要求土壤含水量在 16% ~ 18%，而在出菇期间要求土壤含水量为 19% ~ 22%。

菌丝生长阶段，空气相对湿度为 70% ~ 80%，在形成籽实体阶段，空气相对湿度要求在 85% ~ 95%，不可超过 95%，否则，对籽实体发育形成与分化不利。空气相对湿度可用湿度计来测量。

4. 空气

灵芝为好气真菌。对氧气的需求量比一般食用菌来得大，一般空气中二氧化碳在正常情况下为 0.03。试验表明，当空气中的二氧化碳含量超过 0.1%，将使灵芝只长菌柄或菌柄分枝不开盖而形成鹿角芝。

5. 光线

灵芝菌丝在菌丝生长阶段不需要光线，光照对菌丝生长有明显的抑制作用。灵芝籽实体在形成阶段，若在全黑暗环境下不分化，而过强的光线也将抑制籽实体正常分化，只有在漫射光达到 200 ~ 5 000lx 范围内，使籽实体正常分化与形成。荫棚遮阴程度达到 "四分阳，六分阴" 便可。四周只需西面遮围，其他三面视情况稍加遮阴。

灵芝籽实体不仅有趋光性，另外，还有明显的向地性，即灵芝籽实体的菌管生长具有向地性，不管菌伞生长的方向是向上或向下倾斜，通常菌管的生长朝地面，与地面垂直。

6. 酸碱度

灵芝菌丝生长最适 pH 值 5 ~ 6，灵芝籽实体生长最适 pH 值 4 ~ 5。

三、短段木熟料栽培灵芝

（一）生产工艺流程

树木选择—砍伐—切段—包装—灭菌—接种—菌丝培养—场地选择—搭架—开畦—脱袋—埋土—管理（水分、通气、光线）—出芝—籽实体发育—孢子散发—采收—晒干—烘干—分级—包装—贮藏。

（二）生产中的几个基本知识

（1）立方米段木。10cm 直径、15cm 长的短段木，850 段。12cm 直径、15cm 长的短段木 590 段；14cm 直径、15cm 长的短段木 434 段；16cm 直径、15cm 长的短段木 332 段。

（2）亩地＝667m^2，埋种20～25m^{3}段木。

（3）立方米段木当年约产干灵芝15～20kg（一般可出芝2年）。

（4）1千克鲜灵芝晒干为0.3～0.35kg。

（5）立方米段木约需菌种量100包。

（三）生产工艺

1. 选好树种，育好菌种

（1）树种的选择。灵芝产量高低取决于菌材的菌丝总量，而菌丝量又与段木的体积和营养成分有关。因为段木是灵芝生长和发育的营养来源，也是产生灵芝籽实体的物质基础。故段木树种的选择与灵芝的单产、品质有着直接关系。

树种应选用壳斗科树种为主。如栲、栎、槠、槠等。其他如枫、杜仲、苦栎、乌桕等亦可，但产量与品质均不如壳斗科树种。

栎、栲、槠类栽培灵芝其菌生长速度快、产量高、色泽高、籽实体中实等优点；槠类树种菌丝生长较慢、出芝较迟，但籽实体厚实，产量稍低；枫树等其他杂树生长的灵芝籽实体较轻薄、易出芝，当年产量高等特点。

砍伐的杂木应选择生长在土质肥沃，向阳的山坡。其营养比较丰富，产量也高，品质亦佳。

（2）菌种的选择。菌种是灵芝生产的基础。选用良种是夺取灵芝优质高产的首要环节。一是菌种的遗传性状要好；二是菌种繁育的质量要好。

目前，生产上普遍使用的有信州和韩国，表现为适应性广、稳定性好、抗杂抗污能力强；芝大形好，一级品率高，产量也高等特点，是龙泉灵芝栽培的理想品种。另外，还有801、日本二号、植保六号、中国台湾一号、云南四号等。

除了选择优良菌种外，在培养灵芝的三级菌种中，都要严格把关，注意合理配料，繁育好洁白粗壮、生命力强的适龄菌种，为灵芝的优质高产打下一个坚实的基础。

2. 适时栽培，无菌接种

（1）季节安排。灵芝属中高温性菌类。生产的接种季节，安排在 11 月下旬至翌年 1 月下旬，或 2 月中旬至 3 月上旬，当年均可收获 2 批籽实体。

（2）适时砍伐。树木休眠期 10 月至翌年 1 月，一般根据灵芝栽培时间早一个月砍伐，去枝运回生产场地，凡是种香菇的树木，都可以栽培灵芝，尤以质硬为好，直径不小于 6cm，不大于 22cm，以 8～18cm 为宜，砍伐运输过程中，尽可能保持树皮完整。

（3）切段装袋。在熟化消毒的当天或前一天进行切段，长度一般 30cm，切面要平，周围棱角要削平，以免刺破塑料袋。袋的规格有 15cm、20cm、26cm、32cm 的 5 丝聚乙烯筒料，每袋装 1 段，大段装大袋，小段装小袋，两头缚紧。若段木过干，则浸水过夜再装袋。

（4）熟化灭菌。用常压灭菌，保持 100℃ 10 小时，或 97～99℃保持 12～14 小时。在加热时，要避免加冷水以致降温，影响灭菌效果。要注意灶的实际温度，防死角、防断水。

（5）消毒接种。按每立方米段木 100 包接种量接种。接种时，要进行二次空间灭菌。接种室要选门窗紧密、干燥、清洁的房间，墙壁用石灰水粉刷，地面是水泥地。第一次消毒在段木出灶前进行，按每立方米空间用烟雾消毒剂 4g，消毒过夜；第二次消毒在段木冷却至 30℃ 以下时，在各项接种工作准备完毕后进行。

为了减少污染率，接种室应有缓冲室。整个过程中，动作要迅速，一人解袋，一人放种，一人系袋，再一人运袋，多人密切配合，形成一流水线。接种主要在两袋口段木表面，中间可不接。菌种要紧贴段木切面。这样发菌快，减少污染，一般接种成活率可达98%。

（6）菌袋培训。菌袋放在通风干燥的室内较暗处培养，放室外要有遮雨、保湿、遮阴措施。菌袋立体墙式排列，两菌墙之间留通道，以便检查。接种后一周内要加温到 22 ~ 25℃ 培养，有利菌丝恢复生长。菌丝生长中后期若发现袋内大量水珠产生，则要加强通风或降温，每天午后开门窗通风换气 1 ~ 2 小时。一般培养 20 天左右菌丝便可长满整个段木表面。这时，可结合刺孔放气，减少袋内积水。通过开门窗换气增加袋内氧气，促进菌丝向木质部深层生长。室内培养期约 2 个月。

对污染的菌袋，可脱袋清洁杂菌后重新灭菌培养，且用种量宜大些。

3. 搭棚作畦，排场埋土

（1）栽培场地的选择。应选择在海拔 300 ~ 700m，夏秋最高气温在 36℃ 以下，6 ~ 9 月平均气温在 24℃ 左右，排水良好，水源方便，土质疏松，偏酸性沙质土，朝东南，座西北的疏林地或田地里。

（2）作畦开沟。栽培场应在晴天翻土 20cm，畦高 10 ~ 15cm，畦宽 1.5 ~ 1.8m，畦长按地形决定去除杂草、碎石。畦面四周开好排水沟，沟深 30cm。有山洪之处应开好排洪沟。

（3）搭架建棚。具体操作与古田式普通香菇荫棚相同。

（4）排场埋土。排场时间应选择 4 ~ 5 月天气晴好时进行。场地应事先清理干净，注意白蚁的防治。排场应根据段木菌种不同，生长好坏不同进行分类。去袋按序排行。间距 5cm，行距 10cm。排好菌木后进行覆土 2cm。以菌木半露或不露为标准。覆土深浅厚薄应视栽培场湿度大小酌情处理。覆土最好用火烧土，既可提高土壤热性又可增加含钾量，有利出芝。

4. 加强管理，适时采收

（1）要有一定散射光照。灵芝生长对光照相当敏感，搭荫棚，郁闭度比香菇棚透亮些。如过阴，灵芝籽实体柄长盖细小，再加上通气不良和 CO_2 浓度高，则形成"鹿角芝"。光线控制总的原则是前阴后阳，前期光照度低有利于菌丝的恢复和籽实体的形成，后期应提高光照度，有利于灵芝菌盖的增厚和干物质的积累。

（2）注意温度变化。灵芝籽实体形成为恒温结实型，正常的生长温度为 18~34℃，最适范围为 26~28℃。菌材埋土后，如气温在 24~32℃，通常 20 天左右即可形成菌芽。当菌柄生长到一定程度后，温度、空间湿度、光照度适宜时，即可分化菌盖。气温较高时，要时常注意观察展开芝盖外缘白边色泽变化，防止变成灰色，否则再增大湿度也不能恢复生长。即保持湿度，如中午气温高，还要加强揭膜通风。

（3）重视空间相对湿度。灵芝生产需要较高的湿度，灵芝的籽实体分化过程，要经过菌芽—菌柄—菌盖分化—菌盖成熟—孢子飞散。从菌芽发生到菌盖分化未成熟前的过程中，要经常保持空气相对湿度 85%~95%，以促进菌芽表面细胞分化，土壤也要保持湿润状态，晴天多喷，阴天少喷，下雨天不喷。但不宜采用香菇菌棒的浸水催芽的经验。

（4）注意通气管理。灵芝属好气性真菌，在良好的通气条件下，可形成正常肾形菌盖，如果空气中 CO_2 浓度增至 0.3% 以上则只长菌柄，不分化菌盖。为减少杂菌危害，在高温高湿时要加强通气管理，让畦四周塑料布通气，揭膜高度应与柄高持平。这样有利分化菌盖，中午高湿时，要揭天整个薄膜，但要注意防雨淋。

（5）做到"三防"，确保菌盖质量。一防联体籽实体的发生。排地埋土菌材要有一定间隔。当发现籽实体有相连可能性时，应及时旋转段木方向，不让籽实体互相连接。并且要控制短段木上灵芝的朵数，一般直径 15cm 以上的灵芝以 3 朵为宜，15cm 以下的以 1 ~ 2 朵为宜，过多灵芝朵数将使一级品数量减少；二防雨淋或喷水时泥沙贱到菌盖造成伤痕，品质下降；三防冻害。海拔高的地区当年出芝后应于霜降前用稻草覆盖菌木畦面，其厚度 5 ~ 10cm，清明过后再清除覆盖稻草。

（6）适时采收。在灵芝籽实体达到：一有大量褐色孢子弹散；二菌盖表面色泽一致，边缘有卷边圈；三菌盖不再增大转为增厚；四菌盖下方色泽鲜黄一致时，可采收。

采收时，要用果树剪，从柄基部剪下，留柄蒂 0.5 ~ 1cm，让剪口愈合后，再形成菌盖原基，发育成二潮灵芝。但在收 2 潮灵芝后准备过冬时，则将柄蒂全部摘下，以便覆土保湿。灵芝收后，过长菌柄剪去，单个排列晒干，最好先晒后烘，达到菌盖碰撞有响声，再烘干至不再减重为止。

四、灵芝病虫害防治

1. 白蚁防治

采用诱导为妥。即在芝场四围，每隔数米挖坑，坑深 0.8m，坑宽 0.5m。将芒萁枯枝叶埋于坑中，外加灭蚁药粉，然后再覆薄土。投药后 5 ~ 15 天可见白蚁中毒死亡，该方法多次采用，以便将周围白蚁群杀灭。

2. 害虫防治

用菊酯类或石硫合剂对芝场周围进行多次喷施。发现蜗牛类可人工捕杀。

3. 杂菌防治

在埋木后如有发现裂褶菌、桦褶菌、树舌、炭团类应用利器将污染处刮去，涂上波尔多液，并将杂菌菌木烧灭。

参考文献

［1］方芳，宋全娣，冯吉庆，等. 食用菌生产大全. 江苏科学技术出版社，2007.7

［2］吕作舟. 食用菌栽培学. 高等教育出版社，2006.5

［3］江玉姬，谢宝贵. 金针菇工厂化栽培技术简析，中国商办工业，2000.

［4］吴少风. 食用菌工厂化生产几个问题的探讨，中国食用菌，2008.

［5］黄毅. 食用菌栽培，高等教育出版社，2007.

［6］饶火火. 袋栽白金针菇工厂化生产关键技术，中国食用菌，2007.

［7］何书锋，詹位梨. 白色金针菇工厂化周年栽培技术，食用菌，2003.

［8］阮海东. 投资白色金针菇工厂化栽培需谨思慎行，食用菌，2006.